# RÉSUMÉ DES LEÇONS

DONNÉES

A L'ÉCOLE ROYALE POLYTECHNIQUE,

SUR

# LE CALCUL INFINITÉSIMAL.

On trouve chez les mêmes Libraires, l'ouvrage suivant de M. CAUCHY :

*COURS D'ANALYSE DE L'ÉCOLE ROYALE POLYTECHNIQUE*,

1.re Partie. *Analyse algébrique. Paris. I. R. 1821.* In-8.°, *br.* 6 *francs.*

# RÉSUMÉ DES LEÇONS

DONNÉES

A L'ÉCOLE ROYALE POLYTECHNIQUE,

SUR

# LE CALCUL INFINITÉSIMAL,

PAR M. AUGUSTIN-LOUIS CAUCHY,

Ingénieur des Ponts-et-Chaussées, Professeur d'Analyse à l'École royale Polytechnique, Membre de l'Académie des Sciences, Chevalier de la Légion d'honneur.

TOME PREMIER.

A PARIS,

DE L'IMPRIMERIE ROYALE.

Chez DEBURE, frères, Libraires du Roi et de la Bibliothèque du Roi, rue Serpente, n.° 7.

1823.

# AVERTISSEMENT.

Cet ouvrage, entrepris sur la demande du Conseil d'instruction de l'École royale polytechnique, offre le résumé des Leçons que j'ai données à cette École sur le calcul infinitésimal. Il sera composé de deux volumes correspondans aux deux années qui forment la durée de l'enseignement. Je publie aujourd'hui le premier volume divisé en quarante Leçons, dont les vingt premières comprennent le calcul différentiel, et les vingt dernières une partie du calcul intégral. Les méthodes que j'ai suivies diffèrent à plusieurs égards de celles qui se trouvent exposées dans les ouvrages du même genre. Mon but principal a été de concilier la rigueur, dont je m'étais fait une loi dans mon *Cours d'analyse*, avec la simplicité qui résulte de la considération directe des quantités infiniment petites. Pour cette raison, j'ai cru devoir rejeter les développemens des fonctions en séries infinies, toutes les fois que les séries obtenues ne sont pas convergentes ; et je me suis vu forcé de renvoyer au calcul intégral la formule de Taylor, cette formule ne pouvant plus être admise comme générale qu'autant que la série qu'elle renferme se trouve réduite à un nombre fini de termes, et complétée par une intégrale définie. Je n'ignore pas que l'illustre auteur de la *Mécanique analytique* a pris la formule dont il s'agit pour base de sa théorie des *fonctions dérivées*. Mais, malgré tout le respect que commande une si grande autorité, la plupart des géomètres s'accordent maintenant à reconnaître l'incertitude des résultats auxquels on peut être conduit par l'emploi de séries divergentes, et nous ajouterons que, dans plusieurs cas, le théorème de TAYLOR semble fournir le développement d'une fonction en série convergente, quoique la somme de la série diffère essentiellement de la fonction proposée [ *voyez* la fin de la 38.ᵉ Leçon ]. Au reste, ceux qui liront mon ouvrage, se convaincront, je l'espère, que les principes du calcul différentiel, et ses applications les plus importantes, peuvent être facilement exposés, sans l'intervention des séries.

Dans le calcul intégral, il m'a paru nécessaire de démontrer généralement l'existence des *intégrales* ou *fonctions primitives* avant de faire connaître leurs diverses propriétés. Pour y parvenir, il a fallu d'abord établir la notion d'*intégrales prises entre des limites données* ou *intégrales définies*. Ces dernières pouvant être quelquefois infinies ou indéterminées, il était essentiel de rechercher dans quels cas elles conservent une valeur unique et finie. Le moyen le plus simple de résoudre la question est l'emploi des *intégrales définies singulières* qui sont l'objet de la 25.ᵉ Leçon. De plus, parmi les valeurs en nombre infini, que l'on peut attribuer à une intégrale indéterminée, il en existe une qui mérite une attention particulière, et que nous avons nommée *valeur principale*. La considération des intégrales définies singulières et celle des valeurs principales des intégrales indéterminées sont très-utiles dans la solution d'une foule de problèmes. On en déduit un grand nombre de formules générales propres à la détermination des intégrales définies, et semblables à celles que j'ai données dans un Mémoire présenté à l'Institut en 1814. On trouvera dans les Leçons 34 et 39 une formule de ce genre appliquée à l'évaluation de plusieurs intégrales définies, dont quelques-unes étaient déjà connues.

# ERRATA.

| PAGES. | LIGNES. | FAUTES. | CORRECTIONS. |
|---|---|---|---|
| 28. | 27. | $L(x)$ | $l(x)$ |
| *Ibid.* | 28. | $L(x+h) - L(x)$ | $l(x+h) - l(x)$ |
| 37. | 28. | $L\left(\frac{x}{y}\right)$ | $L\left(\frac{x}{y}\right)$ |
| 47. | 23. | ; | , |
| *Ibid.* | 29. | $d' x$ | $d' x$ |
| 56. | 26. | $d_x^n u,$ | $v d_x^n u,$ |
| 68. | 2 et 12. | $F(r, 0, 0, 0 \ldots)$ | $F(r)$ |
| *Ibid.* | *Ibid.* | $F(r, s, 0, 0 \ldots)$ | $F(r, s)$ |
| *Ibid.* | *Ibid.* | $F(r, s, t, 0 \ldots)$ | $F(r, s, t)$ |

# TABLE DES MATIÈRES

## CONTENUES DANS CE VOLUME.



## CALCUL DIFFÉRENTIEL.

## CALCUL INTÉGRAL.

FIN DE LA TABLE.

# RÉSUMÉ DES LEÇONS

DONNÉES À L'ÉCOLE ROYALE POLYTECHNIQUE

Par M. AUGUSTIN-LOUIS CAUCHY.

## CALCUL INFINITÉSIMAL.

### PREMIÈRE LEÇON.

*Des Variables, de leurs Limites, et des Quantités infiniment petites.*

On nomme quantité *variable* celle que l'on considère comme devant recevoir successivement plusieurs valeurs différentes les unes des autres. On appelle au contraire quantité *constante* toute quantité qui reçoit une valeur fixe et déterminée. Lorsque les valeurs successivement attribuées à une même variable s'approchent indéfiniment d'une valeur fixe, de manière à finir par en différer aussi peu que l'on voudra, cette dernière est appelée la *limite* de toutes les autres. Ainsi, par exemple, la surface du cercle est la limite vers laquelle convergent les surfaces des polygones réguliers inscrits, tandis que le nombre de leurs côtés croît de plus en plus; et le rayon vecteur, mené du centre d'une hyperbole à un point de la courbe qui s'éloigne de plus en plus de ce centre, forme avec l'axe des $x$ un angle qui a pour limite l'angle formé par l'asymptote avec le même axe; &c..... Nous indiquerons la limite vers laquelle converge une variable donnée par l'abréviation *lim.* placée devant cette variable.

Souvent les limites vers lesquelles convergent des expressions variables se présentent sous une forme indéterminée, et néanmoins on peut encore fixer, à l'aide de méthodes particulières, les véritables valeurs de ces mêmes limites. Ainsi, par exemple, les limites dont s'approchent indéfiniment les deux expressions variables

$$\frac{\sin \alpha}{\alpha}, \quad (1+\alpha)^{\frac{1}{\alpha}},$$

tandis que $\alpha$ converge vers zéro, se présentent sous les formes indéterminées $\frac{0}{0}$, $1^{\pm\infty}$; et pourtant ces deux limites ont des valeurs fixes que l'on peut calculer comme il suit.

On a évidemment, pour de très-petites valeurs numériques de $\alpha$,

$$\frac{\sin \alpha}{\sin \alpha} > \frac{\sin \alpha}{\alpha} > \frac{\sin \alpha}{\operatorname{tang} \alpha}.$$

Par conséquent le rapport $\frac{\sin \alpha}{\alpha}$, toujours compris entre les deux quantités $\frac{\sin \alpha}{\sin \alpha} = 1$, et $\frac{\sin \alpha}{\operatorname{tang} \alpha} = \cos \alpha$, dont la première sert de limite à la seconde, aura lui-même l'unité pour limite.

Cherchons maintenant la limite vers laquelle converge l'expression $(1+\alpha)^{\frac{1}{\alpha}}$, tandis que $\alpha$ s'approche indéfiniment de zéro. Si l'on suppose d'abord la quantité $\alpha$ positive et de la forme $\frac{1}{m}$, $m$ désignant un nombre entier variable et susceptible d'un accroissement indéfini, on aura

$$(1+\alpha)^{\frac{1}{\alpha}} = \left(1+\frac{1}{m}\right)^m$$

$$= 1 + \frac{1}{1} + \frac{1}{1.2}\left(1-\frac{1}{m}\right) + \frac{1}{1.2.3}\left(1-\frac{1}{m}\right)\left(1-\frac{2}{m}\right) + \dots$$

$$\dots + \frac{1}{1.2.3\dots m}\left(1-\frac{1}{m}\right)\left(1-\frac{2}{m}\right)\dots\left(1-\frac{m-1}{m}\right).$$

Comme, dans le second membre de cette dernière formule, les termes qui renferment la quantité $m$ sont tous positifs, et croissent en valeurs et en nombre en même temps que cette quantité, il est clair que l'expression $\left(1+\frac{1}{m}\right)^m$ croîtra elle-même avec le nombre entier $m$, en demeurant toujours comprise entre les deux sommes

$$1+\frac{1}{1}=2$$

et $$1+\frac{1}{1}+\frac{1}{2}+\frac{1}{2.2}+\frac{1}{2.2.2}+\&c\ldots=1+1+1=3\,;$$

donc elle s'approchera indéfiniment, pour des valeurs croissantes de $m$, d'une certaine limite comprise entre 2 et 3. Cette limite est un nombre qui joue un grand rôle dans le calcul infinitésimal, et qu'on est convenu de désigner par la lettre $e$. Si l'on prend $m=10000$, on trouvera pour valeur approchée de $e$, en faisant usage des tables de logarithmes décimaux,

$$\left(\frac{10001}{10000}\right)^{10000}=2{,}7183.$$

Cette valeur approchée est exacte à un dix-millième près, ainsi que nous le verrons plus tard.

Supposons maintenant que $\alpha$, toujours positif, ne soit plus de la forme $\frac{1}{m}$. Désignons dans cette hypothèse par $m$ et $n=m+1$, les deux nombres entiers immédiatement inférieur et supérieur à $\frac{1}{\alpha}$, en sorte qu'on ait

$$\frac{1}{\alpha}=m+\mu=n-\nu,$$

$\mu$ et $\nu$ étant des nombres compris entre zéro et l'unité. L'expression $(1+\alpha)^{\frac{1}{\alpha}}$ sera évidemment renfermée entre les deux suivantes

$$\left(1+\frac{1}{m}\right)^{\frac{1}{\alpha}}=\left[\left(1+\frac{1}{m}\right)^m\right]^{1+\frac{\mu}{m}},\quad \left(1+\frac{1}{n}\right)^{\frac{1}{\alpha}}=\left[\left(1+\frac{1}{n}\right)^n\right]^{1-\frac{\nu}{n}};$$

et, comme, pour des valeurs de $\alpha$ décroissantes à l'infini, ou, ce qui revient au même, pour des valeurs toujours croissantes de $m$ et de $n$, les deux quantités $\left(1+\frac{1}{m}\right)^m$, $\left(1+\frac{1}{n}\right)^n$, convergent l'une et l'autre vers la limite $e$, tandis que $1+\frac{\mu}{m}$, $1-\frac{\nu}{n}$, s'approchent indéfiniment de la limite 1, il en résulte que chacune des expressions

$$\left(1+\frac{1}{m}\right)^{\frac{1}{\alpha}}, \quad \left(1+\frac{1}{n}\right)^{\frac{1}{\alpha}},$$

et par suite l'expression intermédiaire $(1+\alpha)^{\frac{1}{\alpha}}$ convergeront encore vers la limite $e$.

Supposons enfin que $\alpha$ devienne une quantité négative. Si l'on fait dans cette hypothèse

$$1+\alpha = \frac{1}{1+\beta},$$

$\beta$ sera une quantité positive, qui convergera elle-même vers zéro, et l'on trouvera

$$(1+\alpha)^{\frac{1}{\alpha}} = (1+\beta)^{\frac{1+\beta}{\beta}} = \left[(1+\beta)^{\frac{1}{\beta}}\right]^{1+\beta},$$

puis, en passant aux limites,

$$\lim\,(1+\alpha)^{\frac{1}{\alpha}} = e^{\lim\,(1+\beta)} = e.$$

Lorsque les valeurs numériques successives d'une même variable décroissent indéfiniment de manière à s'abaisser au-dessous de tout nombre donné, cette variable devient ce qu'on nomme un *infiniment petit* ou une quantité infiniment petite. Une variable de cette espèce a zéro pour limite. Telle est la variable $\alpha$ dans les calculs qui précèdent.

Lorsque les valeurs numériques successives d'une même variable croissent de plus en plus, de manière à s'élever au-dessus de tout nombre donné, on dit que cette variable a pour limite l'infini positif indiqué par le signe $\infty$, s'il s'agit d'une variable positive; et l'infini négatif indiqué par la notation $-\infty$, s'il s'agit d'une variable négative. Tel est le nombre variable $m$ que nous avons employé ci-dessus.

## SECONDE LEÇON.

*Des Fonctions continues et discontinues. Représentation géométrique des Fonctions continues.*

LORSQUE des quantités variables sont tellement liées entre elles, que, la valeur de l'une d'elles étant donnée, on puisse en conclure les valeurs de toutes les autres, on conçoit d'ordinaire ces diverses quantités exprimées au moyen de l'une d'entre elles, qui prend alors le nom de *variable indépendante;* et les autres quantités, exprimées au moyen de la variable indépendante, sont ce qu'on appelle des *fonctions* de cette variable.

Lorsque des quantités variables sont tellement liées entre elles, que, les valeurs de quelques-unes étant données, on puisse en conclure celles de toutes les autres, on conçoit ces diverses quantités exprimées au moyen de plusieurs d'entre elles, qui prennent alors le nom de *variables indépendantes;* et les quantités restantes, exprimées au moyen des variables indépendantes, sont ce qu'on appelle des *fonctions* de ces mêmes variables. Les diverses expressions que fournissent l'algèbre et la trigonométrie, lorsqu'elles renferment des variables considérées comme indépendantes, sont autant de fonctions de ces variables. Ainsi, par exemple,

$$L(x), \quad \sin x, \quad \&c....$$

sont des fonctions de la variable $x$;

$$x+y, \quad x^y, \quad xyz, \quad ......$$

des fonctions des variables $x$ et $y$, ou $x$, $y$ et $z$; &c....

Lorsque des fonctions d'une ou plusieurs variables se trouvent, comme dans les exemples précédens, immédiatement exprimées au moyen de ces mêmes variables, elles sont nommées *fonctions explicites.* Mais lorsqu'on donne seulement les relations entre les fonctions et les variables, c'est-à-dire, les équations auxquelles ces quantités doivent satisfaire, tant que ces équations ne sont pas résolues algébriquement, les fonctions, n'étant pas exprimées immédiatement au moyen des variables, sont appelées *fonctions implicites*. Pour les rendre explicites, il suffit de résoudre, lorsque cela se peut, les équations qui les déterminent. Par exemple, $y$ étant une fonction implicite de $x$ déterminée par l'équation

$$L(y) = x,$$

si l'on nomme $A$ la base du système de logarithmes que l'on considère, la même fonction, devenue explicite par la résolution de l'équation donnée, sera

$$y = A^x.$$

Lorsqu'on veut désigner une fonction explicite d'une seule variable $x$, ou de plusieurs variables $x, y, z \ldots$, sans déterminer la nature de cette fonction, on emploie l'une des notations

$$f(x),\ F(x),\ \varphi(x),\ \chi(x),\ \psi(x),\ \varpi(x)\ \ldots\ \&c.,$$
$$f(x, y, z \ldots),\ F(x, y, z \ldots),\ \varphi(x, y, z \ldots\ldots),\ \&c.$$

Souvent, dans le calcul, on se sert de la caractéristique $\Delta$ pour indiquer les accroissemens simultanés de deux variables qui dépendent l'une de l'autre. Cela posé, si la variable $y$ est exprimée en fonction de la variable $x$ par l'équation

(1) $$y = f(x),$$

$\Delta y$, ou l'accroissement de $y$ correspondant à l'accroissement $\Delta x$ de la variable $x$, sera déterminé par la formule

(2) $$y + \Delta y = f(x + \Delta x).$$

Plus généralement, si l'on suppose

(3) $$F(x, y) = 0,$$

on aura

(4) $$F(x + \Delta x, y + \Delta y) = 0.$$

Il est bon d'observer que des équations (1) et (2) réunies on conclut

(5) $$\Delta y = f(x + \Delta x) - f(x).$$

Soient maintenant $h$ et $i$ deux quantités distinctes, la première finie, la seconde infiniment petite, et $\alpha = \frac{i}{h}$ le rapport infiniment petit de ces deux quantités. Si l'on attribue à $\Delta x$ la valeur finie $h$, la valeur de $\Delta y$, donnée par l'équation (5), deviendra ce qu'on appelle la *différence finie* de la fonction $f(x)$, et sera ordinairement une quantité finie. Si au contraire l'on attribue à $\Delta x$ une valeur infiniment petite, si l'on fait par exemple

$$\Delta x = i = \alpha h,$$

la valeur de $\Delta y$, savoir,

$$f(x+i) - f(x) \quad \text{ou} \quad f(x+\alpha h) - f(x),$$

sera ordinairement une quantité infiniment petite. C'est ce que l'on vérifiera aisément à l'égard des fonctions

$$A^x, \ \sin x, \ \cos x,$$

auxquelles correspondent les différences

$$A^{x+i} - A^x = (A^i - 1) A^x,$$

$$\sin(x+i) - \sin x = 2 \sin \frac{i}{2} \cos\left(x + \frac{i}{2}\right),$$

$$\cos(x+i) - \cos x = -2 \sin \frac{i}{2} \sin\left(x + \frac{i}{2}\right),$$

dont chacune renferme un facteur $A^i - 1$, ou $\sin \frac{i}{2}$, qui converge indéfiniment avec $i$ vers la limite zéro.

Lorsque, la fonction $f(x)$ admettant une valeur unique et finie pour toutes les valeurs de $x$ comprises entre deux limites données, la différence

$$f(x+i) - f(x)$$

est toujours entre ces limites une quantité infiniment petite, on dit que $f(x)$ est *fonction continue* de la variable $x$ entre les limites dont il s'agit.

On dit encore que la fonction $f(x)$ est, dans le voisinage d'une valeur particulière attribuée à la variable $x$, fonction continue de cette variable, toutes les fois qu'elle est continue entre deux limites, même très-rapprochées, qui renferment la valeur en question.

Enfin, lorsqu'une fonction cesse d'être continue dans le voisinage d'une valeur particulière de la variable $x$, on dit qu'elle devient alors *discontinue*, et qu'il y a pour cette valeur particulière *solution de continuité*. Ainsi, par exemple, il y a solution de continuité dans la fonction $\frac{1}{x}$, pour $x = 0$; dans la fonction $\tan x$, pour $x = \pm \frac{(2k+1)\pi}{2}$, $k$ étant un nombre entier quelconque; &c.

D'après ces explications, il sera facile de reconnaître entre quelles limites une fonction donnée de la variable $x$ est continue, par rapport à cette variable. (*Voyez*, pour de plus amples développemens, le chapitre II de la 1.re partie du *Cours d'analyse*, publié en 1821.)

Concevons à présent que l'on construise la courbe qui a pour équation en coordonnées rectangulaires $y = f(x)$. Si la fonction $f(x)$ est continue entre les limites $x = x_0$, $x = X$, à chaque abscisse $x$ comprise entre ces limites correspondra une seule ordonnée; et de plus, $x$ venant à croître d'une quantité infiniment petite $\Delta x$, $y$ croîtra d'une quantité infiniment petite $\Delta y$. Par suite, à deux abcisses très-rapprochées $x$, $x + \Delta x$, correspondront deux points très-rapprochés l'un de l'autre, puisque leur distance $\sqrt{\Delta x^2 + \Delta y^2}$ sera elle-même une quantité infiniment petite. Ces conditions ne peuvent être satisfaites qu'autant que les différens points forment une ligne continue entre les limites $x = x_0$, $x = X$.

*Exemples.* Construire les courbes représentées par les équations

$$y = x^m, \quad y = \frac{1}{x^m}, \quad y = A^x, \quad y = L(x), \quad y = \sin x,$$

dans lesquelles $A$ désigne une constante positive, et $m$ un nombre entier.

Déterminer les formes générales de ces mêmes courbes.

# TROISIÈME LEÇON.

## *Dérivées des Fonctions d'une seule Variable.*

LORSQUE la fonction $y = f(x)$ reste continue entre deux limites données de la variable $x$, et que l'on assigne à cette variable une valeur comprise entre les deux limites dont il s'agit, un accroissement infiniment petit, attribué à la variable, produit un accroissement infiniment petit de la fonction elle-même. Par conséquent, si l'on pose alors $\Delta x = i$, les deux termes du *rapport aux différences*

(1) $$\frac{\Delta y}{\Delta x} = \frac{f(x+i) - f(x)}{i}$$

seront des quantités infiniment petites. Mais, tandis que ces deux termes s'approcheront indéfiniment et simultanément de la limite zéro, le rapport lui-même pourra converger vers une autre limite, soit positive, soit négative. Cette limite, lorsqu'elle existe, a une valeur déterminée, pour chaque valeur particulière de $x$; mais elle varie avec $x$. Ainsi, par exemple, si l'on prend $f(x) = x^m$, $m$ désignant un nombre entier, le rapport entre les différences infiniment petites sera

$$\frac{(x+i)^m - x^m}{i} = mx^{m-1} + \frac{m(m-1)}{1.2} x^{m-2} i + \ldots + i^{m-1}$$

et il aura pour limite la quantité $mx^{m-1}$, c'est-à-dire, une nouvelle fonction de la variable $x$. Il en sera de même en général; seulement, la forme de la fonction nouvelle qui servira de limite au rapport $\frac{f(x+i) - f(x)}{i}$ dépendra de la forme de la fonction proposée $y = f(x)$. Pour indiquer cette dépendance, on donne à la nouvelle fonction le nom de *fonction dérivée*, et on la désigne, à l'aide d'un accent, par la notation

$$y' \quad \text{ou} \quad f'(x).$$

Dans la recherche des dérivées des fonctions d'une seule variable $x$, il est utile de distinguer les fonctions que l'on nomme *simples*, et que l'on considère comme résultant d'une seule opération effectuée sur cette variable, d'avec les fonctions que l'on construit à l'aide de plusieurs opérations et que l'on nomme *composées*. Les fonctions simples que produisent les opérations de l'algèbre et de la trigonométrie [*voyez* la 1.re partie du *Cours d'analyse*, ch. 1.er] peuvent être réduites aux suivantes

$$a+x,\quad a-x,\quad ax,\quad \frac{a}{x},\quad x^a,\quad A^x,\quad L(x),$$

$$\sin x,\quad \cos x,\quad \operatorname{arc}\sin x,\quad \operatorname{arc}\cos x,$$

$A$ désignant un nombre constant, $a=\pm A$ une quantité constante, et la lettre $L$ indiquant un logarithme pris dans le système dont la base est $A$. Si l'on prend une de ces fonctions simples pour $y$, il sera facile en général d'obtenir la fonction dérivée $y'$. On trouvera, par exemple,

pour $y=a+x$, $\dfrac{\Delta y}{\Delta x}=\dfrac{(a+x+i)-(a+x)}{i}=1$, $\quad y'=1$;

pour $y=a-x$, $\dfrac{\Delta y}{\Delta x}=\dfrac{(a-x-i)-(a-x)}{i}=-1$, $\quad y'=-1$;

pour $y=ax$, $\dfrac{\Delta y}{\Delta x}=\dfrac{a(x+i)-ax}{i}=a$, $\quad y'=a$;

pour $y=\dfrac{a}{x}$, $\dfrac{\Delta y}{\Delta x}=\dfrac{\frac{a}{x+i}-\frac{a}{x}}{i}=-\dfrac{a}{x(x+i)}$, $\quad y'=-\dfrac{a}{x^2}$;

pour $y=\sin x$, $\dfrac{\Delta y}{\Delta x}=\dfrac{\sin\frac{1}{2}i}{\frac{1}{2}i}\cos\left(x+\frac{1}{2}i\right)$, $y'=\cos x=\sin\left(x+\frac{\pi}{2}\right)$;

pour $y=\cos x$, $\dfrac{\Delta y}{\Delta x}=-\dfrac{\sin\frac{1}{2}i}{\frac{1}{2}i}\sin\left(x+\frac{1}{2}i\right)$, $y'=-\sin x=\cos\left(x+\frac{\pi}{2}\right)$.

De plus, en posant $i=\alpha x$, $A^i=1+\beta$ et $(1+\alpha)^a=1+\gamma$, on trouvera

pour $y=L(x)$, $\dfrac{\Delta y}{\Delta x}=\dfrac{L(x+i)-L(x)}{i}=\dfrac{L(1+\alpha)}{\alpha x}=\dfrac{L(1+\alpha)^{\frac{1}{\alpha}}}{x}$, $y'=\dfrac{L(e)}{x}$;

pour $y=A^x$, $\dfrac{\Delta y}{\Delta x}=\dfrac{A^{x+i}-A^x}{i}=\dfrac{A^i-1}{i}A^x=\dfrac{A^x}{L(1+\beta)^{\frac{1}{\beta}}}$, $y'=\dfrac{A^x}{L(e)}$;

pour $y=x^a$, $\dfrac{\Delta y}{\Delta x}=\dfrac{(x+i)^a-x^a}{i}=\dfrac{(1+\alpha)^a-1}{\alpha}x^{a-1}=\dfrac{L(1+\alpha)^{\frac{1}{\alpha}}}{L(1+\gamma)^{\frac{1}{\gamma}}}ax^{a-1}$, $y'=ax^{a-1}$.

Dans ces dernières formules, la lettre $e$ désigne le nombre 2,718 ... qui sert de limite à l'expression $(1+\alpha)^{\frac{1}{\alpha}}$. Si l'on prend ce nombre pour base d'un système de logarithmes, on obtiendra les logarithmes *Népériens* ou *hyperboliques*, que nous indiquerons toujours à l'aide de la lettre $l$. Cela posé, on aura évidemment $l(e)=1$,

$$Le=\frac{Le}{LA}=\frac{le}{lA}=\frac{1}{lA};$$

et de plus on trouvera

$$\text{pour} \quad y=l(x), \quad y'=\frac{1}{x};$$

$$\text{pour} \quad y=e^x, \quad y'=e^x.$$

Les diverses formules qui précèdent étant établies seulement pour les valeurs de $x$ auxquelles correspondent des valeurs réelles de $y$, on doit supposer $x$ positive, dans celles de ces formules qui se rapportent aux fonctions $L(x)$, $l(x)$, et même à la fonction $x^a$, lorsque $a$ désigne une fraction de dénominateur pair, ou un nombre irrationnel.

Soit maintenant $z$ une seconde fonction de $x$, liée à la première $y=f(x)$ par la formule

$$(2) \qquad z=F(y).$$

$z$ ou $F(fx)$ sera ce qu'on appelle une *fonction de fonction* de la variable $x$; et, si l'on désigne par $\Delta x$, $\Delta y$, $\Delta z$, les accroissemens infiniment petits et simultanés des trois variables $x$, $y$, $z$, on trouvera

$$\frac{\Delta z}{\Delta x}=\frac{F(y+\Delta y)-F(y)}{\Delta x}=\frac{F(y+\Delta y)-F(y)}{\Delta y}\cdot\frac{\Delta y}{\Delta x},$$

puis, en passant aux limites,

$$(3) \qquad z'=y'.F'(y)=f'(x).F'(fx).$$

Par exemple, si l'on fait $z=ay$, et $y=l(x)$, on aura $z'=ay'=\frac{a}{x}$.

A l'aide de la formule (3), on déterminera facilement les dérivées des fonctions simples $A^x$, $x^a$, arc sin $x$, arc cos $x$, en supposant connues celles des fonctions $L(x)$, $\sin x$, $\cos x$. On trouvera en effet

pour $y = A^x$, $L(y) = x$, $y' \frac{L(e)}{y} = 1$, $y' = \frac{y}{L(e)} = A^x l(A)$;

pour $y = x^a$, $l(y) = a\,l(x)$, $y' \frac{1}{y} = \frac{a}{x}$, $y' = a\frac{y}{x} = a\,x^{a-1}$;

pour $y = \text{arc}\sin x$, $\sin y = x$, $y' \cos y = 1$, $y' = \frac{1}{\cos y} = \frac{1}{\sqrt{1-x^2}}$;

pour $y = \text{arc}\cos x$, $\cos y = x$, $y' \times -\sin y = 1$, $y' = \frac{-1}{\sin y} = \frac{-1}{\sqrt{1-x^2}}$.

De plus, les dérivées des fonctions composées

$$A^y, \quad e^y, \quad \frac{1}{y}$$

étant respectivement, en vertu de la formule (3) ;

$$y' A^y l(A), \quad y' e^y, \quad -\frac{y'}{y^2},$$

les dérivées des suivantes

$$A^{B^x}, \quad e^{e^x}, \quad \text{séc}\, x = \frac{1}{\cos x}, \quad \text{coséc}\, x = \frac{1}{\sin x}$$

deviendront

$$A^{B^x} B^x l(A)\, l(B), \quad e^{e^x} e^x, \quad \frac{\sin x}{\cos^2 x}, \quad -\frac{\cos x}{\sin^2 x}.$$

Nous remarquerons, en finissant, que les dérivées des fonctions composées se déterminent quelquefois aussi facilement que celles des fonctions simples. Ainsi, par exemple, on trouve

pour $y = \text{tang}\, x = \frac{\sin x}{\cos x}$, $\frac{\Delta y}{\Delta x} = \frac{1}{i}\left(\frac{\sin(x+i)}{\cos(x+i)} - \frac{\sin x}{\cos x}\right) = \frac{\sin i}{i \cos x \cos(x+i)}$, $y' = \frac{1}{\cos^2 x}$;

pour $y = \cot x = \frac{\cos x}{\sin x}$, $\frac{\Delta y}{\Delta x} = \frac{1}{i}\left(\frac{\cos(x+i)}{\sin(x+i)} - \frac{\cos x}{\sin x}\right) = -\frac{\sin i}{i \sin x \sin(x+i)}$, $y' = -\frac{1}{\sin^2 x}$;

et l'on en conclut

pour $y = \text{arc tang.}\, x$, $\text{tang}\, y = x$, $\frac{y'}{\cos^2 y} = 1$, $y' = \cos^2 y = \frac{1}{1+x^2}$;

pour $y = \text{arc cot.}\, x$, $\cot y = x$, $\frac{-y'}{\sin^2 y} = 1$, $y' = -\sin^2 y = \frac{-1}{1+x^2}$.

---

# QUATRIÈME LEÇON.

## *Différentielles des Fonctions d'une seule variable.*

SOIENT toujours $y=f(x)$ une fonction de la variable indépendante $x$, $i$ une quantité infiniment petite, et $h$ une quantité finie. Si l'on pose $i=\alpha h$, $\alpha$ sera encore une quantité infiniment petite, et l'on aura identiquement

$$\frac{f(x+i)-f(x)}{i}=\frac{f(x+\alpha h)-f(x)}{\alpha h},$$

d'où l'on conclura

$$(1)\qquad \frac{f(x+\alpha h)-f(x)}{\alpha}=\frac{f(x+i)-f(x)}{i}\,h.$$

La limite vers laquelle converge le premier membre de l'équation (1), tandis que la variable $\alpha$ s'approche indéfiniment de zéro, la quantité $h$ demeurant constante, est ce qu'on appelle la *différentielle* de la fonction $y=f(x)$. On indique cette différentielle par la caractéristique $d$, ainsi qu'il suit :

$$dy \quad \text{ou} \quad df(x).$$

Il est facile d'obtenir sa valeur, lorsqu'on connaît celle de la fonction dérivée $y'$ ou $f'(x)$. En effet, en prenant les limites des deux membres de l'équation (1), on trouvera généralement

$$(2)\qquad df(x)=hf'(x).$$

Dans le cas particulier où $f(x)=x$, l'équation (2) se réduit à

$$(3)\qquad dx=h.$$

Ainsi la différentielle de la variable indépendante $x$ n'est autre chose que la constante finie $h$. Cela posé, l'équation (2) deviendra

$$(4)\qquad df(x)=f'(x).dx,$$

ou, ce qui revient au même,

$$(5)\qquad dy = y'\,dx.$$

Il résulte de ces dernières que la dérivée $y' = f'(x)$ d'une fonction quelconque $y = f(x)$ est précisément égale à $\frac{dy}{dx}$, c'est-à-dire, au rapport entre la différentielle de la fonction et celle de la variable, ou, si l'on veut, au coefficient par lequel il faut multiplier la seconde différentielle pour obtenir la première. C'est pour cette raison qu'on donne quelquefois à la fonction dérivée le nom de *coefficient différentiel*.

*Différencier* une fonction, c'est trouver sa différentielle. L'opération par laquelle on différencie s'appelle *différenciation*.

En vertu de la formule (4), on obtiendra immédiatement les différentielles des fonctions dont on aura calculé les dérivées. Si l'on applique d'abord cette formule aux fonctions simples, on trouvera

$$d(a+x) = dx,\quad d(a-x) = -dx,\quad d(ax) = a\,dx,\quad d\left(\frac{a}{x}\right) = -a\frac{dx}{x^2};$$

$$d(x^a) = a x^{a-1}\,dx;$$

$$d.A^x = A^x\,l(A).dx,\quad d.e^x = e^x\,dx;$$

$$d.L(x) = L(e)\frac{dx}{x},\quad d.l(x) = \frac{dx}{x};$$

$$d.\sin x = \cos x\,dx = \sin\left(x+\frac{\pi}{2}\right)dx,\quad d.\cos x = -\sin x\,dx = \cos\left(x+\frac{\pi}{2}\right)dx;$$

$$d.\arcsin x = \frac{dx}{\sqrt{1-x^2}},\quad d.\arccos x = -\frac{dx}{\sqrt{1-x^2}}.$$

On établira de même les équations

$$d.\operatorname{tang} x = \frac{dx}{\cos^2 x},\qquad d.\cot x = -\frac{dx}{\sin^2 x};$$

$$d.\operatorname{arc\,tang} x = \frac{dx}{1+x^2},\qquad d.\operatorname{arc\,cot} x = -\frac{dx}{1+x^2};$$

$$d.\operatorname{séc} x = \frac{\sin x\,dx}{\cos^2 x},\qquad d.\operatorname{coséc} x = -\frac{\cos x\,dx}{\sin^2 x}.$$

Ces diverses équations, ainsi que celles auxquelles nous sommes parvenus dans la leçon précédente, ne doivent être considérées jusqu'à présent comme démontrées que pour les valeurs de $x$ auxquelles correspondent des valeurs réelles des fonctions dont on cherche les dérivées.

En conséquence, parmi les fonctions simples, celles dont les différentielles peuvent être censées connues pour des valeurs réelles quelconques de la variable $x$, sont les suivantes,

$$a+x,\ a-x,\ ax,\ \frac{a}{x},\ A^x,\ e^x,\ \sin x,\ \cos x,$$

et la fonction $x^a$, lorsque la valeur numérique de $a$ se réduit à un nombre entier ou à une fraction de dénominateur impair. Mais on doit supposer la variable $x$ renfermée entre les deux limites $-1$, $+1$, dans les différentielles trouvées des fonctions simples arc sin $x$, arc cos $x$, et entre les limites $0$, $\infty$, dans les différentielles des fonctions $L(x)$, $l(x)$, et même dans celle de la fonction $x^a$, toutes les fois que la valeur numérique de $a$ devient une fraction de dénominateur pair ou un nombre irrationnel.

Il est encore essentiel d'observer que, conformément aux conventions établies dans la 1.re partie du Cours d'analyse, nous faisons usage de l'une des notations

arc sin $x$, arc cos $x$, arc tang $x$, arc cot $x$, arc sec $x$, arc cosec $x$,

pour représenter, non pas un quelconque des arcs dont une certaine ligne trigonométrique est égale à $x$, mais celui d'entre eux qui a la plus petite valeur numérique; ou, si ces arcs sont deux à deux égaux et de signes contraires, celui qui a la plus petite valeur positive; en conséquence, arc sin $x$, arc tang $x$, arc cot $x$, arc cosec $x$, sont des arcs compris entre les limites $-\frac{\pi}{2}$, $+\frac{\pi}{2}$, et arc cos $x$, arc sec $x$, des arcs compris entre les limites $0$ et $\pi$.

Lorsqu'on suppose $y=f(x)$ et $\Delta x=i=\alpha h$, l'équation (1), dont le second membre a pour limite $dy$, peut être présentée sous la forme

$$\frac{\Delta y}{\alpha}=dy+\beta,$$

$\beta$ désignant une quantité infiniment petite; et l'on en conclut

$$(6)\qquad \Delta y=\alpha(dy+\beta).$$

Soit $z$ une seconde fonction de la variable $x$. On aura de même

$$\Delta z = \alpha\,(dz + \gamma),$$

$\gamma$ désignant encore une quantité infiniment petite. On trouvera par suite

$$\frac{\Delta z}{\Delta y} = \frac{dz + \gamma}{dy + \varepsilon},$$

puis, en passant aux limites,

(7) $$\lim \frac{\Delta z}{\Delta y} = \frac{dz}{dy} = \frac{z'\,dx}{y'\,dx} = \frac{z'}{y'}.$$

Ainsi, *le rapport entre les différences infiniment petites de deux fonctions de la variable $x$ a pour limite le rapport de leurs différentielles ou de leurs dérivées.*

Supposons maintenant les fonctions $y$ et $z$ liées par l'équation

(8) $$z = F(y).$$

On en conclura

$$\frac{\Delta z}{\Delta y} = \frac{F(y + \Delta y) - F(y)}{\Delta y};$$

puis, en passant aux limites, et ayant égard à la formule (7),

$$\frac{dz}{dy} = \frac{z'}{y'} = F'(y),$$

(9) $$dz = F'(y)\,dy, \quad z' = y'\,F'(y).$$

La seconde des équations (9) coïncide avec l'équation (3) de la leçon précédente. De plus, si l'on écrit dans la première $F(y)$ au lieu de $z$, on obtiendra la suivante

(10) $$dF(y) = F'(y)\,dy,$$

qui est semblable pour la forme à l'équation (4), et qui sert à différencier une fonction de $y$, lors même que $y$ n'est pas la variable indépendante.

*Exemples.* $d(a+y) = dy$, $d(-y) = -dy$, $d(ay) = a\,dy$, $de^y = e^y\,dy$,
$dl(y) = \frac{dy}{y}$, $d.l(y^2) = \frac{d(y^2)}{y^2} = \frac{2\,dy}{y}$, $d.\frac{1}{2}l(y^2) = \frac{dy}{y}$, &c....
$d.ax^m = a\,d(x^m) = max^{m-1}\,dx$, $de^{e^x} = e^{e^x}\,d(e^x) = e^{e^x}e^x\,dx$,
$d.l\sin x = \frac{d\sin x}{\sin x} = \frac{\cos x\,dx}{\sin x} = \frac{dx}{\operatorname{tang} x}$, $d.l\operatorname{tang} x = \frac{dx}{\sin x \cos x}$, &c....

La première de ces formules prouve que *l'addition d'une constante à une fonction n'en altère pas la différentielle, ni par conséquent la dérivée.*

## CINQUIÈME LEÇON.

*La différentielle de la somme de plusieurs fonctions est la somme de leurs différentielles. Conséquences de ce principe. Différentielles des fonctions imaginaires.*

DANS les leçons précédentes, nous avons montré comment l'on forme les dérivées et les différentielles des fonctions d'une seule variable. Nous allons ajouter aux recherches, que nous avons faites à ce sujet, de nouveaux développemens.

Soient toujours $x$ la variable indépendante, et $\Delta x = \alpha h = \alpha dx$ un accroissement infiniment petit attribué à cette variable. Si l'on désigne par $s, u, v, w \ldots$ plusieurs fonctions de $x$, et par $\Delta s, \Delta u, \Delta v, \Delta w \ldots$ les accroissemens simultanés qu'elles reçoivent, tandis que l'on fait croître $x$ de $\Delta x$, les différentielles $ds, du, dv, dw, \ldots$ seront, d'après leurs définitions mêmes, respectivement égales aux limites des rapports

$$\frac{\Delta s}{\alpha}, \quad \frac{\Delta u}{\alpha}, \quad \frac{\Delta v}{\alpha}, \quad \frac{\Delta w}{\alpha}, \ldots$$

Cela posé, concevons d'abord que la fonction $s$ soit la somme de toutes les autres, en sorte qu'on ait

(1) $$s = u + v + w + \&c. \ldots$$

On trouvera successivement

$$\Delta s = \Delta u + \Delta v + \Delta w + \ldots,$$

$$\frac{\Delta s}{\alpha} = \frac{\Delta u}{\alpha} + \frac{\Delta v}{\alpha} + \frac{\Delta w}{\alpha} + \&c.,$$

puis, en passant aux limites,

(2) $$ds = du + dv + dw + \ldots$$

Lorsqu'on divise par $dx$ les deux membres de cette dernière équation, elle devient

(3) $$s' = u' + v' + w' + \ldots\ldots$$

De la formule (2) ou (3) comparée à l'équation (1), il résulte que *la différentielle ou la dérivée de la somme de plusieurs fonctions est la somme de leurs différentielles ou de leurs dérivées.* De ce principe découlent, comme on va le voir, de nombreuses conséquences.

Premièrement, si l'on désigne par $m$ un nombre entier, et par $a, b, c \ldots p, q, r$, des quantités constantes, on trouvera

(4) $$d(u+v) = du + dv,\ d(u-v) = du - dv,\ d(au+bv) = a\,du + b\,dv;$$

(5) $$d(au+bv+cw+\ldots) = a\,du + b\,dv + c\,dw + \ldots;$$

(6) $$\left\{\begin{array}{l} d\,(ax^m + bx^{m-1} + cx^{m-2} + \ldots + px^2 + qx + r) \\ = [max^{m-1} + (m-1)bx^{m-2} + (m-2)cx^{m-3} + \ldots + 2px + q]\,dx, \end{array}\right.$$

Le polinome $ax^m + bx^{m-1} + cx^{m-2} + \ldots + px^2 + qx + r$, dont tous les termes sont proportionnels à des puissances entières de la variable $x$, est ce qu'on nomme une *fonction entière* de cette variable. Si on le désigne par $s$, on aura, en vertu de l'équation (6),

$$s' = max^{m-1} + (m-1)bx^{m-2} + (m-2)cx^{m-3} + \ldots + 2px + q.$$

Donc, *pour obtenir la dérivée d'une fonction entière de $x$, il suffit de multiplier chaque terme par l'exposant de la variable, et de diminuer chaque exposant d'une unité.* Il est aisé de voir que cette proposition subsiste dans le cas où la variable devient imaginaire.

Soit maintenant

(7) $$s = uvw\ldots\ldots$$

Comme on aura, en supposant les fonctions $u, v, w \ldots$ toutes positives

(8) $$l(s) = l(u) + l(v) + l(w) + \ldots,$$

et, dans tous les cas possibles, $s^2 = u^2 v^2 w^2 \ldots$,

(9) $$\tfrac{1}{2}\,l(s^2) = \tfrac{1}{2}\,l(u^2) + \tfrac{1}{2}\,l(v^2) + \tfrac{1}{2}\,l(w^2) + \ldots,$$

l'application du principe énoncé à la formule (8) ou à la formule (9) fournira l'équation

$$(10)\qquad \frac{ds}{s} = \frac{du}{u} + \frac{dv}{v} + \frac{dw}{w} + \&c. \ldots,$$

de laquelle on conclura

$$(11)\qquad d(uvw\ldots) = uvw\ldots\left(\frac{du}{u} + \frac{dv}{v} + \frac{dw}{w}\ldots\right)$$
$$= vw\ldots du + uw\ldots dv + uv\ldots dw + \ldots$$

*Exemples.* $d(uv) = u\,dv + v\,du$, $d(uvw) = vw\,du + uw\,dv + uv\,dw$,
$d.xl(x) = [1 + l(x)]\,dx$, $d(x^n e^{-x}) = x^n e^{-x}\left(\frac{n}{x} - 1\right)$, &c.

Soit encore

$$(12)\qquad s = \frac{u}{v}.$$

En différenciant $l(s)$ ou $\frac{1}{2}\,l(s^2)$, on trouvera

$$(13)\qquad \frac{ds}{s} = \frac{du}{u} - \frac{dv}{v},\quad ds = \frac{u}{v}\left(\frac{du}{u} - \frac{dv}{v}\right),$$

et par suite,

$$(14)\qquad d\left(\frac{u}{v}\right) = \frac{v\,du - u\,dv}{v^2}.$$

On arriverait au même résultat, en observant que la différentielle de $\frac{u}{v}$ est équivalente à $d\left(u.\frac{1}{v}\right) = \frac{1}{v}\,du + u\,d\left(\frac{1}{v}\right) = \frac{du}{v} - \frac{u\,dv}{v^2}$.

*Exemples.* $d\,\mathrm{tang}\,x = d\frac{\sin x}{\cos x} = \frac{\cos x\,d\sin x - \sin x\,d\cos x}{\cos^2 x} = \frac{dx}{\cos^2 x}$, $d\cot x = -\frac{dx}{\sin^2 x}$,
$d\left(\frac{a}{x}\right) = -\frac{a\,dx}{x^2}$, $d\left(\frac{e^{ax}}{x}\right) = \frac{e^{ax}}{x}\left(a - \frac{1}{x}\right)dx$, $d\frac{l(x)}{x} = \frac{1 - l(x)}{x^2}\,dx$, $d\left(\frac{b}{a+x}\right) = \frac{-b\,dx}{(a+x)^2}$.

Si les fonctions $u$, $v$ se réduisent à des fonctions entières, le rapport $\frac{u}{v}$ deviendra ce qu'on nomme un *fraction rationnelle*. On déterminera facilement sa différentielle à l'aide des formules (6) et (14).

Après avoir formé les différentielles du produit $uvw\ldots$ et du quotient $\frac{u}{v}$, on obtiendra sans peine celles de plusieurs autres expressions telles que $u^v$, $u^{\frac{1}{v}}$, $u^{v^w}$, &c.... En effet, on trouvera pour $s = u^v$, $l(s) = v\,l(u)$, $\frac{ds}{s} = v\frac{du}{u} + l(u)\,dv$, $ds = vu^{v-1}\,du + u^v\,l(u)\,dv$;

pour $s = u^{\frac{1}{v}}$, $l(s) = \frac{1}{v}\, l(u)$, $\frac{ds}{s} = \frac{du}{uv} - l(u)\frac{dv}{v^2}$, $ds = u^{\frac{1}{v}-1}\frac{du}{v} - u^{\frac{1}{v}}\, l(u)\frac{dv}{v^2}$;

pour $s = u^{v^w}$, $l(s) = v^w\, l(u)$, $ds = u^{v^w} v^w \left[\frac{du}{u} + \frac{w}{v}\, l(u)\, dv + l(u).l(v).dw\right]$;

&c.....

*Exemples.* $d(x^x) = x^x[1 + l(x)]\,dx$, $d(x^{\frac{1}{x}}) = \frac{1 - l(x)}{x^2}\, x^{\frac{1}{x}}\, dx$, $d.x^{x^x}$ = &c...

Nous terminerons cette leçon en recherchant la différentielle d'une *fonction imaginaire*. On nomme ainsi toute expression qui peut être ramenée à la forme $u + v\sqrt{-1}$, $u$ et $v$ désignant deux fonctions réelles. Cela posé, si l'on appelle *limite* d'une expression imaginaire variable, ce que devient cette expression quand on y remplace la partie réelle et le coefficient de $\sqrt{-1}$ par leurs limites respectives, et si, de plus, on étend aux fonctions imaginaires les définitions que nous avons données pour les différences, les différentielles et les dérivées des fonctions réelles, on reconnaîtra que l'équation

$$s = u + v\sqrt{-1}$$

entraîne les suivantes

$$\Delta s = \Delta u + \Delta v\sqrt{-1}, \quad \frac{\Delta s}{\Delta x} = \frac{\Delta u}{\Delta x} + \frac{\Delta v}{\Delta x}\sqrt{-1}, \quad \frac{\Delta s}{\alpha} = \frac{\Delta u}{\alpha} + \frac{\Delta v}{\alpha}\sqrt{-1},$$
$$s' = u' + v'\sqrt{-1}, \quad ds = du + dv\sqrt{-1}.$$

On aura, en conséquence

$$(15) \qquad d(u + v\sqrt{-1}) = du + dv\sqrt{-1}.$$

La forme de cette dernière équation est semblable à celle des équations (4).

Si l'on suppose en particulier

$$s = \cos x + \sqrt{-1}\,\sin x$$

on trouvera

$$ds = \left[\cos\left(x + \frac{\pi}{2}\right) + \sqrt{-1}\,\sin\left(x + \frac{\pi}{2}\right)\right]dx = s.\sqrt{-1}\,dx.$$

Ajoutons que, les formules (4), (5), (6), (11) et (14) subsisteront lors même que les constantes $a, b, c \ldots p, q, r$, ou les fonctions $u, v, w \ldots$, comprises dans ces formules deviendront imaginaires.

# SIXIÈME LEÇON.

*Usage des Différentielles et des Fonctions dérivées dans la solution de plusieurs Problèmes.* Maxima *et* minima *des Fonctions d'une seule variable. Valeurs des Fractions qui se présentent sous la forme* $\frac{0}{0}$.

---

Après avoir appris à former les dérivées et les différentielles des fonctions d'une seule variable, nous allons indiquer l'usage qu'on peut en faire pour la solution de plusieurs problèmes.

1.er Problème. *La fonction $y = f(x)$ étant supposée continue par rapport à $x$ dans le voisinage de la valeur particulière $x = x_0$, on demande si, à partir de cette valeur, la fonction croît ou diminue, tandis que l'on fait croître ou diminuer la variable elle-même.*

*Solution.* Soient $\Delta x$, $\Delta y$, les accroissemens infiniment petits et simultanés des variables $x$, $y$. Le rapport $\frac{\Delta y}{\Delta x}$ aura pour limite $\frac{dy}{dx} = y'$. On doit en conclure que pour de très-petites valeurs numériques de $\Delta x$, et pour une valeur particulière $x_0$ de la variable $x$, le rapport $\frac{\Delta y}{\Delta x}$ sera positif, si la valeur correspondante de $y'$ est une quantité positive et finie, négatif, si cette valeur de $y'$ est une quantité finie mais négative. Dans le premier cas, les différences infiniment petites $\Delta x$, $\Delta y$ étant de même signe, la fonction $y$ croîtra ou diminuera, à partir de $x = x_0$, en même temps que la variable $x$. Dans le second cas, les différences infiniment petites étant de signes contraires, la fonction $y$ croîtra si la variable $x$ diminue, et décroîtra si la variable augmente.

Ces principes étant admis, concevons que la fonction $y = f(x)$ demeure continue entre deux limites données $x = x_0$, $x = X$. Si l'on fait croître la variable $x$ par degrés insensibles depuis la première limite jusqu'à la seconde, la fonction $y$ ira en croissant, toutes les fois que sa dérivée étant finie aura une valeur positive, et en décroissant, toutes les fois que cette même dérivée obtiendra une valeur négative. Donc, la fonction $y$ ne pourra cesser de croître pour diminuer, ou de diminuer pour croître, qu'autant que la dérivée $y'$ passera du positif au négatif, ou réciproquement. Il est essentiel d'observer que, dans ce passage, la fonction dérivée deviendra nulle, si elle ne cesse pas d'être continue.

Lorsqu'une valeur particulière de la fonction $f(x)$ surpasse toutes les valeurs voisines, c'est-à-dire, toutes celles qu'on obtiendrait en faisant varier $x$ en plus ou en moins d'une quantité très-petite, cette valeur particulière de la fonction est ce qu'on appelle un *maximum*.

Lorsqu'une valeur particulière de la fonction $f(x)$ est inférieure à toutes les valeurs voisines, elle prend le nom de *minimum*.

Cela posé, il est clair que, si les deux fonctions $f(x)$, $f'(x)$ sont continues dans le voisinage d'une valeur donnée de la variable $x$, cette valeur ne pourra produire un *maximum* ou un *minimum* de $f(x)$, qu'en faisant évanouir $f'(x)$.

2.[e] Problème. *Trouver les* maxima *et* minima *d'une fonction de la seule variable* $x$.

*Solution.* Soit $f(x)$ la fonction proposée. On cherchera d'abord les valeurs de $x$, par lesquelles la fonction $f(x)$ cesse d'être continue. A chacune de ces valeurs, s'il en existe, correspondra une valeur de la fonction elle-même, qui sera ordinairement ou une quantité infinie, ou un *maximum* ou un *minimum*.

On cherchera, en second lieu, les racines de l'équation

(1) $$f'(x) = 0$$

avec les valeurs de $x$ qui rendent la fonction $f'(x)$ discontinue, et parmi lesquelles on doit placer au premier rang celles que l'on déduit de la formule

(2) $$f'(x) = \pm\infty, \quad \text{ou} \quad \frac{1}{f'(x)} = 0.$$

Soit $x = x_0$ une de ces racines ou une de ces valeurs. La valeur correspondante de $f(x)$, savoir $f(x_0)$, sera un *maximum*, si, dans le voisinage de $x = x_0$, la fonction dérivée $f'(x)$ est positive pour $x < x_0$, et négative pour $x > x_0$. Au contraire, $f(x_0)$ sera un *minimum*, si la fonction dérivée $f'(x)$ est négative pour $x < x_0$, et positive pour $x > x_0$. Enfin, si, dans le voisinage de $x = x_0$, la fonction dérivée $f'(x)$ était ou constamment positive, ou constamment négative, la quantité $f(x_0)$ ne serait plus ni un *maximum*, ni un *minimum*.

*Exemples.* Les deux fonctions $x^{\frac{1}{2}}$, $\frac{1}{l(x)}$, qui deviennent discontinues en passant du réel à l'imaginaire, tandis que la variable $x$ diminue en passant par zéro, obtiennent, pour $x=0$, une valeur nulle, laquelle représente un *minimum* de la première fonction, et un *maximum* de la seconde.

Les deux fonctions $x^2$, $x^{\frac{2}{3}}$, dont les dérivées passent du positif au négatif, en se réduisant à zéro ou à l'infini pour une valeur nulle de $x$, ont l'une et l'autre zéro pour valeur *minimum*. Quant aux deux fonctions $x^3$, $x^{\frac{1}{3}}$, dont les dérivées deviennent encore nulles ou infinies pour $x=0$, mais restent positives pour toute autre valeur de $x$, elles n'admettent ni *maximum*, ni *minimum*.

La fonction $x^2+px+q$, dont la dérivée est $2x+p$, obtient, pour $x=-\frac{1}{2}p$, la valeur *minimum* $q-\frac{1}{4}p^2$; ce qu'on vérifie aisément, en mettant la fonction donnée sous la forme $(x+\frac{1}{2}p)^2+q-\frac{1}{4}p^2$.

La fonction $\frac{A^x}{x}$, dont la dérivée est $\frac{A^x}{x}\left[\frac{1}{L(e)}-\frac{1}{x}\right]$, obtient, pour $x=L(e)$, quant $A$ surpasse l'unité, la valeur *minimum* $\frac{e}{L(e)}$.

La fonction $\frac{L(x)}{x}$, dont la dérivée est $\frac{1}{x^2}\,[L(e)-L(x)]$, obtient, pour $x=e$, la valeur *maximum* $\frac{L(e)}{e}$.

La fonction $x^a e^{-x}$, dont la dérivée est $x^a e^{-x}\left(\frac{a}{x}-1\right)$, obtient, pour $x=a$, la valeur *maximum* $a^a e^{-a}$.

3.$^e$ Problème. *Déterminer l'inclinaison d'une courbe en un point donné.*

*Solution.* Considérons la courbe qui a pour équation en coordonnées rectangulaires $y=f(x)$. Dans cette courbe, la corde menée du point $(x, y)$* au point $(x+\Delta x, y+\Delta y)$, forme, avec l'axe des $x$ prolongé dans le sens des $x$ positives, deux angles, l'un aigu, l'autre obtus, dont le premier mesure l'inclinaison de la corde, par rapport à l'axe des $x$. Si le second point vient à se rapprocher à une distance infiniment petite du premier, la corde se confondra sensiblement avec la tan-

* Nous indiquons ici les points à l'aide de leurs coordonnées renfermées entre deux parenthèses, ce que nous ferons toujours par la suite. Souvent aussi, nous indiquerons les courbes ou surfaces courbes par leurs équations.

gente menée à la courbe par ce premier point; et l'inclinaison de la corde, par rapport à l'axe des $x$, deviendra l'inclinaison de la tangente, ou ce qu'on nomme *l'inclinaison de la courbe* par rapport au même axe. Cela posé, comme l'inclinaison de la corde aura pour tangente trigonométrique la valeur numérique du rapport $\frac{\Delta y}{\Delta x}$, il est clair que l'inclinaison de la courbe aura pour tangente trigonométrique la valeur numérique de la limite vers laquelle ce rapport converge, c'est-à-dire, de la fonction dérivée $y' = \frac{dy}{dx}$.

Si la valeur de $y'$ est nulle ou infinie, la tangente à la courbe sera parallèle ou perpendiculaire à l'axe des $x$. C'est ordinairement ce qui arrive, quand l'ordonnée $y$ devient un *maximum* ou un *minimum*.

*Exemples.* $y=x^2$, $y=x^3$, $y=x^m$, $y=x^{\frac{1}{2}}$, $y=x^a$, $y=A^x$, $y=\sin x$, &c..

4.^e Problème. *On demande la véritable valeur d'une fraction dont les deux termes sont des fonctions de la variable $x$, dans le cas où l'on attribue à cette variable une valeur particulière, pour laquelle la fraction se présente sous la forme indéterminée $\frac{0}{0}$.*

*Solution.* Soit $s = \frac{z}{y}$ la fraction proposée, $y$ et $z$ désignant deux fonctions de la variable $x$, et supposons que la valeur particulière $x = x_0$ réduise cette fraction à la forme $\frac{0}{0}$, c'est-à-dire, qu'elle fasse évanouir $y$ et $z$. Si l'on représente par $\Delta x$, $\Delta y$, $\Delta z$ les accroissemens infiniment petits et simultanés des trois variables $x$, $y$, $z$, on aura, pour une valeur quelconque de $x$,

$$s = \frac{z}{y} = lim \frac{z+\Delta z}{y+\Delta y},$$

et, pour la valeur particulière $x = x_0$,

$$(3) \qquad s = lim \frac{\Delta z}{\Delta y} = \frac{dz}{dy} = \frac{z'}{y'}.$$

Ainsi, la valeur cherchée de la fraction $s$ ou $\frac{z}{y}$ coïncidera généralement avec celle du rapport $\frac{dz}{dy}$ ou $\frac{z'}{y'}$.

*Exemples.* On aura, pour $x=0$, $\frac{\sin x}{x} = \frac{\cos x}{1} = 1$, $\frac{l(1+x)}{x} = \frac{1}{1+x} = 1$; pour $x=1$, $\frac{l(x)}{x-1} = \frac{1}{x} = 1$, $\frac{x-1}{x^n-1} = \frac{1}{nx^{n-1}} = \frac{1}{n}$; &c....

## SEPTIÈME LEÇON.

*Valeurs de quelques expressions qui se présentent sous les formes indéterminées $\frac{\infty}{\infty}$, $\infty^0$, &c. Relation qui existe entre le rapport aux Différences finies et la Fonction dérivée.*

Nous avons considéré dans la leçon précédente les fonctions de la variable $x$, qui, pour une valeur particulière de la variable, se présentent sous la forme indéterminée $\frac{0}{0}$. Il arrive souvent que cette forme se trouve remplacée par l'une des suivantes $\frac{\infty}{\infty}$, $\infty^0$, $0 \times \infty$, $0^0$, &c..... Ainsi, lorsque $f(x)$ croît indéfiniment avec $x$, les valeurs particulières des deux fonctions

$$\frac{f(x)}{x}, \quad [f(x)]^{\frac{1}{x}},$$

pour $x = \infty$, se présentent sous les formes indéterminées $\frac{\infty}{\infty}$, $\infty^0$. Ces mêmes valeurs peuvent en général être facilement calculées à l'aide de deux théorèmes que nous avons établis dans *l'Analyse algébrique* [ch. II, p. 48 et 53]. Mais nous nous bornerons ici à montrer par quelques exemples comment on peut résoudre les questions de cette espèce.

Soit proposée d'abord la fonction $\frac{A^x}{x}$, $A$ désignant un nombre supérieur à l'unité, et concevons que l'on cherche la véritable valeur de cette fonction pour $x = \infty$. On observera que, pour des valeurs de $x$ supérieures à $\frac{1}{l(A)}$, la fonction dérivée étant toujours positive, la fonction donnée sera toujours croissante avec $x$. D'ailleurs, si l'on représente par $m$ un nombre entier susceptible d'un accroissement indéfini, l'expression

$$\frac{A^m}{m} = \frac{(1+A-1)^m}{m} = \frac{1}{m} + (A-1) + \frac{m-1}{2}(A-1)^2 + \frac{(m-1)(m-2)}{2.3}(A-1)^3 + \&c.$$

aura évidemment pour limite l'infini positif. On trouvera en conséquence

$$(1) \qquad \lim \frac{A^x}{x} = \infty.$$

Il résulte de cette dernière formule que *l'exponentielle $A^x$, lorsque le nombre $A$ surpasse l'unité, finit par croître beaucoup plus rapidement que la variable $x$.*

Cherchons, en second lieu, la véritable valeur de la fonction $\frac{L(x)}{x}$ pour $x = \infty$, la base des logarithmes étant un nombre $A$ supérieur à l'unité. Comme, en faisant $y = L(x)$, on trouvera $\frac{L(x)}{x} = \frac{y}{A^y}$, et que la fonction $\frac{y}{A^y}$ aura pour limite $\frac{1}{\infty} = 0$, on en conclura

$$(2) \qquad \lim \frac{L(x)}{x} = 0.$$

Il en résulte que, *dans un système dont la base est supérieure à l'unité, les logarithmes des nombres croissent beaucoup moins rapidement que les nombres eux-mêmes.*

Cherchons encore la valeur de $x^{\frac{1}{x}}$ pour $x = \infty$. Comme on aura évidemment $x^{\frac{1}{x}} = A^{\frac{L(x)}{x}}$, on en tirera

$$(3) \qquad \lim x^{\frac{1}{x}} = A^0 = 1.$$

Lorsqu'on remplace, dans les formules (2) et (3), $x$ par $\frac{1}{x}$, on en conclut que les fonctions $x L(x)$ et $x^x$ convergent respectivement vers les limites 0 et 1, tandis que l'on fait converger $x$ vers la limite zéro.

Nous allons maintenant faire connaître une relation digne de remarque* qui existe entre la dérivée $f'(x)$ d'une fonction quelconque $f(x)$, et le rapport aux différences finies $\frac{f(x+h)-f(x)}{h}$. Si dans ce rapport on attribue à $x$ une valeur particulière $x_0$, et si l'on fait, en

* On peut consulter sur ce sujet un Mémoire de M. *Ampère*, inséré dans le 13.e cahier du *Journal de l'École polytechnique.*

outre, $x_0 + h = X$, il prendra la forme $\frac{f(X) - f(x_0)}{X - x_0}$. Cela posé, on établira sans peine la proposition suivante.

Théorème. *Si, la fonction $f(x)$ étant continue entre les limites $x = x_0$, $x = X$, on désigne par $A$ la plus petite, et par $B$ la plus grande des valeurs que la fonction dérivée $f'(x)$ reçoit dans cet intervalle, le rapport aux différences finies*

$$(4) \qquad \frac{f(X) - f(x_0)}{X - x_0}$$

*sera nécessairement compris entre $A$ et $B$.*

*Démonstration.* Désignons par $\delta$, $\varepsilon$, deux nombres très-petits, le premier étant choisi de telle sorte que, pour des valeurs numériques de $i$ inférieures à $\delta$, et pour une valeur quelconque de $x$ comprise entre les limites $x_0$, $X$, le rapport

$$\frac{f(x+i) - f(x)}{i}$$

reste toujours supérieur à $f'(x) - \varepsilon$, et inférieur à $f'(x) + \varepsilon$. Si, entre les limites $x_0$, $X$, on interpose $n-1$ valeurs nouvelles de la variable $x$, savoir,

$$x_1, \quad x_2, \quad \ldots\ldots \quad x_{n-1},$$

de manière à diviser la différence $X - x_0$ en élémens

$$x_1 - x_0, \quad x_2 - x_1, \quad \ldots\ldots \quad X - x_{n-1},$$

qui, étant tous de même signe, aient des valeurs numériques inférieures à $\delta$; les fractions

$$(5) \qquad \frac{f(x_1) - f(x_0)}{x_1 - x_0}, \quad \frac{f(x_2) - f(x_1)}{x_2 - x_1}, \quad \ldots\ldots \quad \frac{f(X) - f(x_{n-1})}{X - x_{n-1}},$$

se trouvant comprises, la première entre les limites $f'(x_0) - \varepsilon$, $f'(x_0) + \varepsilon$, la seconde entre les limites $f'(x_1) - \varepsilon$, $f'(x_1) + \varepsilon$, &c.... seront toutes supérieures à la quantité $A - \varepsilon$, et inférieures à la quantité $B + \varepsilon$. D'ailleurs, les fractions (5) ayant des dénominateurs de même signe, si l'on divise la somme de leurs numérateurs par la somme de leurs dénominateurs, on obtiendra une fraction *moyenne*, c'est-à-dire, comprise entre la plus petite et la plus grande de celles que l'on considère [*voyez* l'Analyse algébrique, note II, 12.$^e$ théorème]. L'expression (4), avec laquelle cette moyenne coïncide, sera donc elle-même renfermée entre les limites $A-\varepsilon$, $B+\varepsilon$; et, comme cette conclusion subsiste, quelque petit que soit le nombre $\varepsilon$, on peut affirmer que l'expression (4) sera comprise entre $A$ et $B$.

*Corollaire*. Si la fonction dérivée $f'(x)$ est elle-même continue entre les limites $x=x_0$, $x=X$, en passant d'une limite à l'autre, cette fonction variera de manière à rester toujours comprise entre les deux valeurs $A$ et $B$, et à prendre successivement toutes les valeurs intermédiaires. Donc alors toute quantité moyenne entre $A$ et $B$ sera une valeur de $f'(x)$ correspondante à une valeur de $x$ renfermée entre les limites $x_0$ et $X=x_0+h$, ou, ce qui revient au même, à une valeur de $x$ de la forme

$$x_0+\theta h=x_0+\theta(X-x_0),$$

$\theta$ désignant un nombre inférieur à l'unité. En appliquant cette remarque à l'expression (4), on en conclura qu'il existe, entre les limites 0 et 1, une valeur de $\theta$ propre à vérifier l'équation

$$\frac{f(X)-f(x_0)}{X-x_0}=f'[x_0+\theta(X-x_0)],$$

ou, ce qui revient au même, la suivante

$$\frac{f(x_0+h)-f(x_0)}{h}=f'(x_0+\theta h). \tag{6}$$

Cette dernière formule devant subsister, quelle que soit la valeur de $x$ représentée par $x_0$, pourvu que la fonction $f(x)$ et sa dérivée $f'(x)$ restent continues entre les valeurs extrêmes $x=x_0$, $x=x_0+h$, on aura généralement, sous cette condition,

$$\frac{f(x+h)-f(x)}{h}=f'(x+\theta h), \tag{7}$$

puis, en écrivant $\Delta x$ au lieu de $h$, on en tirera

$$f(x+\Delta x)-f(x)=f'(x+\theta\Delta x).\Delta x. \tag{8}$$

Il est essentiel d'observer que, dans les équations (7) et (8), $\theta$ désigne toujours un nombre inconnu, mais inférieur à l'unité.

*Exemples*. En appliquant la formule (7) aux fonctions $x^a$, $L(x)$, on trouve

$$\frac{(x+h)^a-x^a}{h}=a(x+\theta h)^{a-1},\quad \frac{L(x+h)-L(x)}{h}=\frac{1}{x+\theta h}.$$

## HUITIÈME LEÇON.

*Différentielles des Fonctions de plusieurs variables. Dérivées partielles et Différentielles partielles.*

SOIT $u = f(x, y, z \ldots)$ une fonction de plusieurs variables indépendantes $x, y, z \ldots$ Désignons par $i$ une quantité infiniment petite, et par

$$\varphi(x, y, z \ldots), \quad \chi(x, y, z \ldots), \quad \psi(x, y, z \ldots), \quad \&c. \ldots$$

les limites vers lesquelles convergent les rapports

$$\frac{f(x+i, y, z \ldots) - f(x, y, z \ldots)}{i}, \quad \frac{f(x, y+i, z \ldots) - f(x, y, z \ldots)}{i}, \quad \frac{f(x, y, z+i \ldots) - f(x, y, z \ldots)}{i}, \ \&c. \ldots$$

tandis que $i$ s'approche indéfiniment de zéro. $\varphi(x, y, z \ldots)$ sera la dérivée que l'on déduit de la fonction $u = f(x, y, z \ldots)$, en y considérant $x$ comme seule variable, ou, ce qu'on nomme la *dérivée partielle* de $u$ par rapport à $x$. De même, $\chi(x, y, z \ldots)$, $\psi(x, y, z \ldots)$, &c... seront les dérivées partielles de $u$ par rapport aux variables $y, z$, &c...

Cela posé, concevons que l'on attribue aux variables $x, y, z \ldots$ des accroissemens quelconques $\Delta x$, $\Delta y$, $\Delta z \ldots$, et soit $\Delta u$ l'accroissement correspondant de la fonction $u$, en sorte qu'on ait

$$(1) \qquad \Delta u = f(x + \Delta x, y + \Delta y, z + \Delta z, \ldots) - f(x, y, z \ldots).$$

Si l'on assigne à $\Delta x$, $\Delta y$, $\Delta z \ldots$ des valeurs finies $h, k, l \ldots$, la valeur de $\Delta u$, donnée par l'équation (1), deviendra ce qu'on appelle la *différence finie* de la fonction $u$, et sera ordinairement une quantité finie. Si au contraire, $\alpha$ désignant un rapport infiniment petit, l'on suppose

$$(2) \qquad \Delta x = \alpha h, \quad \Delta y = \alpha k, \quad \Delta z = \alpha l, \ \&c. \ldots$$

la valeur de $\Delta u$, savoir,

$$f(x + \alpha h, y + \alpha k, z + \alpha l, \ldots) - f(x, y, z \ldots)$$

sera ordinairement une quantité infiniment petite; mais alors, en divisant cette valeur par $\alpha$, on obtiendra la fraction

$$(3) \qquad \frac{\Delta u}{\alpha} = \frac{f(x+\alpha h,\ y+\alpha k,\ z+\alpha l\ldots) - f(x,\ y,\ z\ldots)}{\alpha}$$

qui convergera en général vers une limite finie différente de zéro. Cette limite est ce qu'on nomme la *différentielle totale* ou simplement la *différentielle* de la fonction $u$. On l'indique, à l'aide de la lettre $d$, en écrivant

$$du \quad \text{ou} \quad df(x,\ y,\ z\ldots).$$

Ainsi, quel que soit le nombre des variables indépendantes que renferme la fonction $u$, sa différentielle se trouvera définie par la formule

$$(4) \qquad du = \lim \frac{\Delta u}{\alpha}.$$

Si l'on fait successivement $u=x$, $u=y$, $u=z$, &c..., on conclura des équations (2) et (4)

$$(5) \qquad dx = h, \quad dy = k, \quad dz = l, \quad \&c\ldots.$$

Par conséquent, les différentielles des variables indépendantes $x$, $y$, $z$ ... ne sont autre chose que les constantes finies $h$, $k$, $l$...

On détermine facilement la différentielle totale de la fonction $f(x, y, z\ldots)$, lorsqu'on connaît ses dérivées partielles. En effet, si dans cette fonction on fait croître l'une après l'autre les variables $x$, $y$, $z$... de quantités quelconques $\Delta x$, $\Delta y$, $\Delta z$, .., on tirera de la formule (8) de la leçon précédente une suite d'équations de la forme

$$f(x+\Delta x,\ y,\ z\ldots\ldots) - f(x,\ y,\ z\ldots\ldots) = \Delta x.\varphi(x+\theta_1\Delta x,\ y,\ z\ldots),$$
$$f(x+\Delta x, y+\Delta y, z\ldots) - f(x+\Delta x,\ y,\ z\ldots) = \Delta y.\chi(x+\Delta x, y+\theta_2\Delta y,\ z\ldots),$$
$$f(x+\Delta x, y+\Delta y, z+\Delta z..) - f(x+\Delta x, y+\Delta y, z..) = \Delta z.\psi(x+\Delta x, y+\Delta y, z+\theta_3\Delta z..),$$

&c.....; $\theta_1$, $\theta_2$, $\theta_3$, ... désignant des nombres inconnus, mais tous compris entre zéro et l'unité. En ajoutant ces mêmes équations membre à membre, on trouvera

$$(6) \quad f(x+\Delta x, y+\Delta y, z+\Delta z..) - f(x, y, z..) = \Delta x.\varphi(x+\theta_1\Delta x, y, z..)$$
$$+ \Delta y.\chi(x+\Delta x, y+\theta_2\Delta y, z\ldots) + \Delta z.\psi(x+\Delta x, y+\Delta y, z+\theta_3\Delta z\ldots) + \&c.$$

Si, dans cette dernière formule, dont le premier membre peut être remplacé par $\Delta u$, on pose $\Delta x = \alpha h$, $\Delta y = \alpha k$, $\Delta z = \alpha l$, et si l'on divise en outre les deux membres par $\alpha$, on obtiendra la suivante

(7) $\frac{\Delta u}{\alpha} = h.\varphi(x+\theta_1\alpha h, y, z\ldots) + k.\chi(x+\alpha h, y+\theta_2\alpha k, z\ldots)$ $+ l.\psi(x+\alpha h, y+\alpha k, z+\theta_3\alpha l\ldots) + \&c.$, de laquelle on conclura, en passant aux limites, puis écrivant $dx$, $dy$, $dz$, au lieu de $h, k, l \ldots$,

(8) $du = \varphi(x, y, z\ldots)dx + \chi(x, y, z\ldots)dy + \psi(x, y, z\ldots)dz + \&c.$

*Exemples.* $d(x+y+z\ldots) = dx+dy+dz+\ldots$, $d(x-y) = dx-dy$, $d(ax+by+cz\ldots) = a\,dx+b\,dy+c\,dz\ldots$, $d(xyz\ldots) = yz..dx+xz..dy+xy..dz+\ldots$, $d(x^a y^b\ldots) = x^a y^b\ldots\left(a\frac{dx}{x}+b\frac{dy}{y}+\ldots\right)$, $d\left(\frac{x}{y}\right) = \frac{y\,dx - x\,dy}{y^2}$, $d.x^y = yx^{y-1}dx + x^y l(x)dy$, &c.

Il est essentiel d'observer que, dans la valeur de $du$ donnée par l'équation (8), le terme $\varphi(x, y, z\ldots)dx$ est précisément la différentielle qu'on obtiendrait pour la fonction $u = f(x, y, z\ldots)$ en considérant dans cette fonction $x$ seule comme une quantité variable, et $y$, $z\ldots$ comme des quantités constantes. C'est pour cette raison que le terme dont il s'agit se nomme la *différentielle partielle* de la fonction $u$ par rapport à $x$. De même, $\chi(x, y, z\ldots)dy$, $\psi(x, y, z\ldots)dz$, sont les différentielles partielles de $u$ par rapport à $y$, par rapport à $z$, ... Si l'on indique ces différentielles partielles en plaçant au bas de la lettre $d$ les variables auxquelles elles se rapportent, comme on le voit ici,

$$d_x u,\ d_y u,\ d_z u,\ \ldots\ \&c.,$$

on aura

(9) $\varphi(x, y, z\ldots) = \frac{d_x u}{dx}$, $\chi(x, y, z\ldots) = \frac{d_y u}{dy}$, $\psi(x, y, z\ldots) = \frac{d_z u}{dz}$, &c...

et l'équation (8) pourra être présentée sous l'une ou l'autre des deux formes

(10) $$du = d_x u + d_y u + d_z u + \&c.,$$

(11) $$du = \frac{d_x u}{dx}dx + \frac{d_y u}{dy}dy + \frac{d_z u}{dz}dz + \ldots.$$

Pour abréger, on supprime ordinairement dans les équations (9) les lettres que nous avons placées au bas de la caractéristique $d$, et l'on représente simplement les dérivées partielles de $u$, prises relativement à $x$, $y$,

$z \ldots$, par les notations

(12) $$\frac{du}{dx},\quad \frac{du}{dy},\quad \frac{du}{dz},\quad \&c.$$

Alors, $\frac{du}{dx}$ n'est pas le quotient de $du$ par $dx$; et, pour exprimer la différentielle partielle de $u$, prise relativement à $x$, il faut employer la notation $\frac{du}{dx}dx$ qui n'est point susceptible de réduction, à moins qu'on ne rétablisse la lettre $x$ au bas de la caractéristique $d$. Lorsqu'on admet ces conventions, la formule (11) se réduit à

(13) $$du = \frac{du}{dx}dx + \frac{du}{dy}dy + \frac{du}{dz}dz + \&c\ldots$$

Mais, comme il n'est plus permis d'effacer dans cette dernière les différentielles $dx$, $dy$, $dz \ldots$, rien ne remplace la formule (10).

Les définitions et les formules, ci-dessus établies, s'étendent sans difficulté au cas où la fonction $u$ devient imaginaire. Ainsi, par exemple, si l'on pose $u = x + y\sqrt{-1}$, les dérivées partielles de $u$, et sa différentielle totale seront respectivement données par les équations

$$\frac{du}{dx} = 1,\quad \frac{du}{dy} = \sqrt{-1},\quad du = dx + \sqrt{-1}\,dy.$$

Nous indiquerons, en finissant, un moyen fort simple de ramener le calcul des différentielles totales à celui des fonctions dérivées. Si dans l'expression $f(x + \alpha h, y + \alpha k, z + \alpha l, \ldots)$ on considère $\alpha$ comme seule variable, et si l'on pose en conséquence

(14) $$f(x + \alpha h, y + \alpha k, z + \alpha l \ldots) = F(\alpha),$$

on aura, non-seulement,

(15) $$u = F(0),$$

mais encore $\Delta u = F(\alpha) - F(0)$, et par suite

(16) $$du = \lim \frac{F(\alpha) - F(0)}{\alpha} = F'(0).$$

Ainsi, pour former la différentielle totale $du$, il suffira de calculer la valeur particulière que reçoit la fonction dérivée $F'(\alpha)$, pour $\alpha = 0$.

# NEUVIÈME LEÇON.

## *Usage des Dérivées partielles dans la différenciation des Fonctions composées. Différentielles des Fonctions implicites.*

Soit $s = F(u, v, w \ldots)$ une fonction quelconque des quantités variables $u, v, w \ldots$ que nous supposerons être elles-mêmes fonctions des variables indépendantes $x, y, z \ldots$ : $s$ sera une *fonction composée* de ces dernières variables; et si l'on désigne par $\Delta x$, $\Delta y$, $\Delta z \ldots$ des accroissemens arbitraires simultanément attribués à $x, y, z \ldots$, les accroissemens correspondans $\Delta u$, $\Delta v$, $\Delta w$, ... $\Delta s$ des fonctions $u, v, w, \ldots s$ seront liés entre eux par la formule

$$(1) \qquad \Delta s = F(u + \Delta u, v + \Delta v, w + \Delta w, \ldots) - F(u, v, w \ldots).$$

Soient d'ailleurs $\Phi(u, v, w \ldots)$, $X(u, v, w \ldots)$, $\Psi(u, v, w \ldots)$, ... les dérivées partielles de la fonction $F(u, v, w \ldots)$ prises successivement par rapport à $u, v, w \ldots$ Comme l'équation (6) de la leçon précédente a lieu pour des valeurs quelconques des variables $x, y, z \ldots$ et de leurs accroissemens $\Delta x$, $\Delta y$, $\Delta z \ldots$, on en conclura, en remplaçant $x, y, z \ldots$ par $u, v, w \ldots$, et la fonction $f$ par la fonction $F$,

$$(2) \quad F(u+\Delta u, v+\Delta v, w+\Delta w, \ldots) - F(u, v, w \ldots) = \Delta u\, \Phi(u+\theta_1 \Delta u, v, w \ldots)$$
$$+ \Delta v\, X(u+\Delta u, v+\theta_2 \Delta v, w \ldots) + \Delta w\, \Psi(u+\Delta u, v+\Delta v, w+\theta_3 \Delta w \ldots) + \&c.$$

Dans cette dernière équation, $\theta_1$, $\theta_2$, $\theta_3$ .... désignent toujours des nombres inconnus, mais inférieurs à l'unité. Si maintenant on pose $\Delta x = \alpha h = \alpha dx$, $\Delta y = \alpha k = \alpha dy$, $\Delta z = \alpha l = \alpha dz, \ldots$, et que l'on divise par $\alpha$ les deux membres de l'équation (2), on en tirera

$$(3) \left\{ \begin{array}{l} \frac{\Delta s}{\alpha} = \Phi(u+\theta_1 \alpha h, v, w \ldots) \frac{\Delta u}{\alpha} + X(u+\alpha h, v+\theta_2 \alpha k, w \ldots) \frac{\Delta v}{\alpha} \\ \qquad + \Psi(u+\alpha h, v+\alpha k, w+\theta_3 \alpha l \ldots) \frac{\Delta w}{\alpha} + \&c., \end{array} \right.$$

puis, en faisant converger $\alpha$ vers la limite zéro,

$$(4) \qquad ds = \Phi(u, v, w\ldots)\,du + X(u, v, w\ldots)\,dv + \Psi(u, v, w\ldots)\,dw + \&c.$$

La valeur de $ds$ fournie par l'équation (4) est semblable à la valeur de $du$ fournie par l'équation (8) de la leçon précédente. La principale différence consiste en ce que les différentielles $dx$, $dy$, $dz\ldots$ comprises dans la valeur de $du$ sont des constantes arbitraires, tandis que les différentielles $du$, $dv$, $dw\ldots$ comprises dans la valeur de $ds$ sont de nouvelles fonctions des variables indépendantes $x$, $y$, $z\ldots$ combinées d'une certaine manière avec les constantes arbitraires $dx$, $dy$, $dz\ldots$

En appliquant la formule (4) à des cas particuliers, on trouvera

$$d(u+v+w..) = du+dv+dw.., \; d(u-v) = du-dv, \; d(au+bv+cw..) = a\,du+b\,dv+c\,dw..,$$

$$d(uvw..) = vw..du+uw..dv+uv..dw+.., \; d\left(\frac{u}{v}\right) = \frac{v\,du-u\,dv}{v^2}, \; du^v = vu^{v-1}du+u^v l(u)\,dv,$$

&c.. Nous avions déjà obtenu ces équations [*voyez* la 5.^e leçon] en supposant $u$, $v$, $w\ldots$ fonctions d'une seule variable indépendante $x$; mais on voit qu'elles subsistent, quel que soit le nombre des variables indépendantes.

Dans le cas particulier où l'on suppose $u$ fonction de la seule variable $x$, $v$ fonction de la seule variable $y$, $w$ fonction de la seule variable $z\ldots$, on peut arriver directement à l'équation (4), en partant de la formule (10) de la leçon précédente. En effet, en vertu de cette formule, on aura généralement

$$(5) \qquad ds = d_x s + d_y s + d_z s + \&c\ldots$$

De plus, comme parmi les quantités $u$, $v$, $w\ldots$ la première est, par hypothèse, la seule qui renferme la variable $x$, en considérant $s$ comme une fonction de fonction de cette variable, et ayant égard à la formule (10) de la 4.^e leçon, on trouvera

$$d_x s = d_x F(u, v, w\ldots) = \Phi(u, v, w\ldots)\,d_x u = \Phi(u, v, w\ldots)\,du.$$

On trouvera de même

$$d_y s = X(u, v, w\ldots)\,dv, \quad d_z s = \Psi(u, v, w\ldots)\,dw, \quad \&c\ldots$$

Si l'on substitue ces valeurs de $d_x s$, $d_y s$, $d_z s$ ... dans la formule (5), elle coïncidera évidemment avec l'équation (4).

Soit maintenant $r$ une seconde fonction des variables indépendantes $x, y, z$ ... Si l'on a identiquement, c'est-à-dire, pour des valeurs quelconques de ces variables,

(6) $$s = r,$$

on en conclura

(7) $$ds = dr.$$

Dans le cas particulier où la fonction $r$ se réduit, soit à zéro, soit à une constante $c$, on trouve $dr = 0$; et par suite, l'équation

(8) $$s = 0, \quad \text{ou} \quad s = c,$$

entraîne la suivante

(9) $$ds = 0.$$

Les équations (7) et (9) sont du nombre de celles que l'on nomme *équations différentielles*. La seconde peut être présentée sous la forme

(10) $$\Phi(u, v, w \ldots)\, du + X(u, v, w \ldots)\, dv + \Psi(u, v, w \ldots)\, dw + \ldots = 0,$$

et subsiste dans le cas même où quelques-unes des quantités $u, v, w$ ... se réduiraient à quelques-unes des variables indépendantes $x, y, z$ ... Ainsi, par exemple, on trouvera,

en supposant $F(x, v) = 0$, $\Phi(x, v)\, dx + X(x, v)\, dv = 0$;

en supposant $F(x, y, w) = 0$, $\Phi(x, y, w)\, dx + X(x, y, w)\, dy + \Psi(x, y, w)\, dw = 0$;

&c. Dans ces dernières équations, $v$ est évidemment une fonction implicite de la variable $x$, $w$ une fonction implicite des variables $x$, $y$; &c...

De même, si l'on admet que les variables $x, y, z$ ..., cessant d'être indépendantes, soient liées entre elles par une équation de la forme

(11) $$f(x, y, z \ldots) = 0,$$

alors, en faisant usage des notations adoptées dans la leçon précédente on obtiendra l'équation différentielle

(12) $$\varphi(x, y, z \ldots)\, dx + \chi(x, y, z \ldots)\, dy + \psi(x, y, z \ldots)\, dz + \ldots = 0,$$

au moyen de laquelle on pourra déterminer la différentielle de l'une des variables considérée comme fonction implicite de toutes les autres. Ainsi, par exemple, on trouvera,

en supposant $x^2+y^2=a^2$, $x\,dx+y\,dy=0$, $dy=-\frac{x}{y}dx$;

en supposant $y^2-x^2=a^2$, $y\,dy-x\,dx=0$, $dy=\frac{x}{y}dx$;

en supposant $x^2+y^2+z^2=a^2$, $x\,dx+y\,dy+z\,dz=0$, $dz=-\frac{x}{z}dx-\frac{y}{z}dy$.

Comme on aura d'ailleurs, dans le premier cas, $y=\pm\sqrt{a^2-x^2}$, et dans le second, $y=\pm\sqrt{a^2+x^2}$, on conclura des formules précédentes

(13) $$d(\sqrt{a^2-x^2})=-\frac{x\,dx}{\sqrt{a^2-x^2}},\quad d(\sqrt{a^2+x^2})=\frac{x\,dx}{\sqrt{a^2+x^2}};$$

ce qu'il est aisé de vérifier directement.

Lorsqu'on désigne par $u$ la fonction $f(x, y, z \ldots)$, les équations (11) et (12) peuvent s'écrire simplement comme il suit, $u=0$, $du=0$.

Si les variables $x, y, z \ldots$, au lieu d'être assujetties à une seule équation de la forme $u=0$, étaient liées entre elles par deux équations de cette espèce, telles que

(14) $$u=0,\quad v=0,$$

alors on aurait en même temps les deux équations différentielles

(15) $$du=0,\quad dv=0,$$

à l'aide desquelles on pourrait déterminer les différentielles de deux variables considérées comme fonctions implicites de toutes les autres.

En général, si $n$ variables $x, y, z \ldots\ldots$ sont liées entre elles par $m$ équations, telles que

(16) $$u=0,\quad v=0,\quad w=0,\quad \&c\ldots$$

alors on aura en même temps les $m$ équations différentielles

(17) $$du=0,\quad dv=0,\quad dw=0,\quad \&c\ldots,$$

à l'aide desquelles on pourra déterminer les différentielles de $m$ variables considérées comme fonctions implicites de toutes les autres.

## DIXIÈME LEÇON.

### *Théorème des Fonctions homogènes.* Maxima *et* minima *des Fonctions de plusieurs variables.*

On dit qu'une fonction de plusieurs variables est *homogène*, lorsqu'en faisant croître ou décroître toutes les variables dans un rapport donné, on obtient pour résultat la valeur primitive de la fonction multipliée par une puissance de ce rapport. L'exposant de cette puissance est le *degré de la fonction* homogène. En conséquence, $f(x, y, z \ldots)$ sera une fonction de $x, y, z \ldots$ homogène et du degré $a$, si, $t$ désignant une nouvelle variable, on a, quel que soit $t$,

(1) $$f(tx, ty, tz \ldots) = t^a f(x, y, z \ldots).$$

Cela posé, le *théorème des fonctions homogènes* peut s'énoncer comme il suit.

Théorème. *Si l'on multiplie les dérivées partielles d'une fonction homogène du degré a par les variables auxquelles elles se rapportent, la somme des produits ainsi formés sera équivalente à celui qu'on obtiendrait en multipliant par a la fonction elle-même.*

*Démonstration.* Soient $u = f(x, y, z \ldots)$ la fonction donnée, et $\varphi(x, y, z \ldots)$, $\chi(x, y, z \ldots)$, $\psi(x, y, z \ldots)$, &c.... ses dérivées partielles par rapport à $x$, à $y$, à $z$, &c.... Si l'on différencie les deux membres de l'équation (1), en y considérant $t$ seule comme variable, on trouvera

$$\varphi(tx, ty, tz \ldots) x dt + \chi(tx, ty, tz \ldots) y dt + \psi(tx, ty, tz \ldots) z dt + \ldots = a t^{a-1} f(x, y, z \ldots) dt;$$

puis, en divisant par $dt$, et posant $t = 1$,

(2) $$x\varphi(x, y, z \ldots) + y\chi(x, y, z \ldots) + z\psi(x, y, z \ldots) + \ldots = af(x, y, z \ldots),$$

ou, ce qui revient au même,

(3) $$x\frac{du}{dx} + y\frac{du}{dy} + z\frac{du}{dz} + \ldots = au.$$

*Corollaire.* Pour une fonction homogène d'un degré nul, on aura

(4) $$x\frac{du}{dx} + y\frac{du}{dy} + z\frac{du}{dz} + \ldots = 0.$$

*Exemples.* Appliquer le théorème aux fonctions $Ax^2 + Bxy + Cy^2$ et $L\left(\frac{x}{y}\right)$.

Lorsqu'une fonction *réelle* de plusieurs variables indépendantes $x, y, z \ldots$ atteint une valeur particulière qui surpasse toutes les valeurs voisines, c'est-à-dire, toutes celles qu'on obtiendrait, en faisant varier $x, y, z \ldots$ en plus ou en moins de quantités très-petites ; cette valeur particulière de la fonction est ce qu'on appelle un *maximum*.

Lorsqu'une valeur particulière d'une fonction réelle de $x, y, z \ldots$ est inférieure à toutes les valeurs voisines, elle prend le nom de *minimum*.

La recherche des *maxima* et *minima* des fonctions de plusieurs variables se ramène facilement à la recherche des *maxima* et *minima* des fonctions d'une seule variable. Supposons, en effet, que $u = f(x, y, z \ldots)$ devienne un *maximum* pour certaines valeurs particulières attribuées à $x, y, z \ldots$ On aura, pour ces valeurs particulières, et pour de très-petites valeurs numériques de $\alpha$,

(5) $$f(x+\alpha h,\ y+\alpha k,\ z+\alpha l,\ \ldots) < f(x, y, z \ldots),$$

quelles que soient d'ailleurs les constantes finies $h, k, l \ldots$, pourvu qu'elles aient été choisies de manière à ce que le premier membre de la formule (5) reste réel. Or, si l'on fait, pour abréger,

(6) $$f(x+\alpha h,\ y+\alpha k,\ z+\alpha l,\ \ldots) = F(\alpha),$$

la formule (5) se trouvera réduite à la suivante

(7) $$F(\alpha) < F(0).$$

Celle-ci devant subsister, quel que soit le signe de $\alpha$, il en résulte que, si $\alpha$ seule varie, $F(\alpha)$, considérée comme fonction de cette unique variable, deviendra toujours un *maximum* pour $\alpha = 0$.

On reconnaîtra de même que, si $f(x, y, z \ldots)$ devient un *minimum* pour certaines valeurs particulières attribuées à $x, y, z \ldots$, la valeur correspondante de $F(\alpha)$ sera toujours un *minimum* pour $\alpha = 0$.

Observons maintenant que, si les deux fonctions $F(\alpha)$, $F'(\alpha)$ sont l'une et l'autre continues par rapport à $\alpha$, dans le voisinage de la valeur particulière $\alpha = 0$, cette valeur ne pourra fournir un *maximum* ou un *minimum* de la première fonction, qu'autant qu'elle fera évanouir la seconde [*voyez* la 6.e leçon], c'est-à-dire, qu'autant que l'on aura

(8) $$F'(0) = 0.$$

D'ailleurs, lorsqu'on écrit $dx$, $dy$, $dz$... au lieu de $h$, $k$, $l$..., l'équation (8) prend la forme

(9) $$du = 0,$$

[*voyez* la 8.ᵉ leçon]. De plus, comme les fonctions $F(\alpha)$ et $F'(\alpha)$ sont ce que deviennent $u$ et $du$, quand on y remplace $x$ par $x+\alpha h$, $y$ par $y+\alpha k$, $z$ par $z+\alpha l$..., il est clair que, si ces deux fonctions sont discontinues par rapport à $\alpha$, dans le voisinage de la valeur particulière $\alpha = 0$, les deux expressions $u$ et $du$, considérées comme fonctions des variables $x, y, z$... seront discontinues par rapport à ces variables dans le voisinage des valeurs particulières qui leur sont attribuées. En rapprochant ces remarques de ce qui a été dit plus haut, nous devons conclure que les seules valeurs de $x, y, z$... propres à fournir des *maxima* ou des *minima* de la fonction $u$, sont celles qui rendent les fonctions $u$ et $du$ discontinues, ou bien encore celles qui vérifient l'équation (9), quelles que soient les constantes finies $dx$, $dy$, $dz$... Ces principes étant admis, il sera facile de résoudre la question suivante.

Problème. *Trouver les* maxima *et* minima *d'une fonction de plusieurs variables.*

*Solution.* Soit $u = f(x, y, z \ldots)$ la fonction proposée. On cherchera d'abord les valeurs de $x, y, z$... qui rendent la fonction $u$ ou $du$ discontinue, et parmi lesquelles on doit compter celles que l'on déduit de la formule

(10) $$du = \pm \infty.$$

On cherchera, en second lieu, les valeurs de $x, y, z$... qui vérifient l'équation (9), quelles que soient les constantes finies $dx$, $dy$, $dz$.... Cette équation, pouvant être mise sous la forme

(11) $$\frac{du}{dx}dx + \frac{du}{dy}dy + \frac{du}{dz}dz + \ldots = 0,$$

entraîne évidemment les suivantes

(12) $$\frac{du}{dx} = 0, \quad \frac{du}{dy} = 0, \quad \frac{du}{dz} = 0, \quad \&c. \ldots;$$

dont on obtient la première en posant $dx = 1$, $dy = 0$, $dz = 0$...; la seconde en posant $dx = 0$, $dy = 1$, $dz = 0$...; &c.... Remarquons en passant que, le nombre des équations (12) étant égal à celui des inconnues $x, y, z$..., on n'en déduira ordinairement pour ces inconnues qu'un nombre limité de valeurs.

Concevons à présent que l'on considère en particulier un des systèmes de valeurs que les précédentes recherches fournissent pour les variables $x, y, z \ldots$, et désignons par $x_0, y_0, z_0 \ldots$ les valeurs dont il se compose. La valeur correspondante de la fonction $f(x, y, z \ldots)$, savoir, $f(x_0, y_0, z_0 \ldots)$, sera un *maximum*, si pour de très-petites valeurs numériques de $\alpha$, et pour des valeurs quelconques de $h, k, l \ldots$ la différence

$$(13) \qquad f(x_0 + \alpha h, y_0 + \alpha k, z_0 + \alpha l \ldots) - f(x_0, y_0, z_0 \ldots)$$

est constamment négative. Au contraire, $f(x_0, y_0, z_0 \ldots)$ sera un *minimum*, si cette différence est constamment positive. Enfin, si cette différence passe du positif au négatif, tandis que l'on change ou le signe de $\alpha$, ou les valeurs de $h, k, l \ldots$, $f(x_0, y_0, z_0 \ldots)$ ne sera plus ni un *maximum* ni un *minimum*.

*Exemple.* La fonction $Ax^2 + Bxy + Cy^2 + Dx + Ey + F$ admet un *maximum* ou un *minimum*, lorsqu'on a $B^2 - 4AC < 0$, et n'en admet plus, lorsqu'on a $B^2 - 4AC > 0$.

*Nota.* La nature de la fonction $u$ peut être telle, qu'à une infinité de systèmes différens de valeurs attribuées à $x, y, z \ldots$ correspondent des valeurs de $u$ égales entre elles, mais supérieures ou inférieures à toutes les valeurs voisines, et dont chacune soit en conséquence une sorte de *maximum* ou de *minimum*. Lorsque cette circonstance a lieu pour des systèmes dans le voisinage desquels les fonctions $u$ et $du$ restent continues, ces systèmes vérifient certainement les équations (12). Ces équations peuvent donc quelquefois admettre une infinité de solutions. C'est ce qui arrive toujours quand elles se déduisent en partie les unes des autres.

*Exemple.* Si l'on prend $u = (cy - bz + l)^2 + (az - cx + m)^2 + (bx - ay + n)^2$, les équations (12) donneront seulement

$$\frac{cy - bz + l}{a} = \frac{az - cx + m}{b} = \frac{bx - ay + n}{c},$$

et la fonction $u$ admettra une infinité de valeurs égales à

$$\frac{(al + bm + cn)^2}{a^2 + b^2 + c^2},$$

dont chacune pourra être considérée comme un *minimum*.

# ONZIÈME LEÇON.

## *Usage des Facteurs indéterminés dans la recherche des* maxima *et* minima.

SOIT

(1) $$u = f(x, y, z \ldots)$$

une fonction de $n$ variables $x, y, z \ldots$ Mais concevons que ces variables, au lieu d'être indépendantes les unes des autres, comme on l'a supposé dans la 10.e leçon, soient liées entre elles par $m$ équations de la forme

(2) $$v = 0, \quad w = 0, \quad \&c. \ldots$$

Pour déduire de la méthode que nous avons indiquée, les *maxima* et les *minima* de la fonction $u$, il faudrait commencer par éliminer de cette fonction $m$ variables différentes à l'aide des formules (2). Après cette élimination, les variables qui resteraient, au nombre de $n-m$, devraient être considérées comme indépendantes; et il faudrait chercher les systèmes de valeurs de ces variables qui rendraient la fonction $u$ ou la fonction $du$ discontinue, ou bien encore ceux qui vérifieraient, quelles que fussent les différentielles de ces mêmes variables, l'équation

(3) $$du = 0.$$

Or, la recherche des *maxima* et *minima* qui correspondent à l'équation (3) peut être simplifiée par les considérations suivantes.

Si l'on différencie la fonction $u$, en y conservant toutes les variables données $x, y, z \ldots$, l'équation (3) se présentera sous la forme

(4) $$\frac{du}{dx}dx + \frac{du}{dy}dy + \frac{du}{dz}dz + \&c. \ldots = 0,$$

et renfermera les $n$ différentielles $dx, dy, dz \ldots$ Mais il importe d'observer que, parmi ces différentielles, les seules dont on pourra disposer arbitrairement seront celles des $n-m$ variables regardées comme indépendantes. Les autres différentielles se trouveront déterminées en fonction des premières et des variables elles-mêmes par les formules $dv = 0$, $dw = 0$, ... qui, lorsqu'on les développe, deviennent respectivement

$$(5)\quad \frac{dv}{dx}dx+\frac{dv}{dy}dy+\frac{dv}{dz}dz+..=0,\ \frac{dw}{dx}dx+\frac{dw}{dy}dy+\frac{dw}{dz}dz+..=0,\ \&c.$$

Cela posé, puisque l'équation (4) doit être vérifiée, quelles que soient les différentielles des variables indépendantes, il est clair que, si l'on élimine de cette équation un nombre $m$ de différentielles à l'aide des formules (5), les coefficiens des $n-m$ différentielles restantes devront être séparément égalés à zéro. Or, pour effectuer l'élimination, il suffit d'ajouter à l'équation (4) les formules (5) multipliées par des *facteurs indéterminés*, $-\lambda$, $-\mu$, $-$ &c...., et de choisir ces facteurs de manière à faire disparaître dans l'équation résultante les coefficiens de $m$ différentielles successives. Comme d'ailleurs l'équation résultante sera de la forme

$$(6)\quad \left(\frac{du}{dx}-\lambda\frac{dv}{dx}-\mu\frac{dw}{dx}-\ldots\right)dx+\left(\frac{du}{dy}-\lambda\frac{dv}{dy}-\mu\frac{dw}{dy}\ldots\right)dy+\ldots=0,$$

et qu'après y avoir fait disparaître les coefficiens de $m$ différentielles, il faudra encore égaler à zéro ceux des différentielles restantes; il est permis de conclure que les valeurs de $\lambda$, $\mu$, $\nu$.. tirées de quelques-unes des formules

$$(7)\quad \frac{du}{dx}-\lambda\frac{dv}{dx}-\mu\frac{dw}{dx}-\ldots=0,\ \frac{du}{dy}-\lambda\frac{dv}{dy}-\mu\frac{dw}{dy}-\ldots=0,\ \&c..$$

devront satisfaire à toutes les autres. Par conséquent, les valeurs de $x$, $y$, $z$ ... propres à vérifier les formules (4) et (5) devront satisfaire aux équations de condition que fournit l'élimination des indéterminées $\lambda$, $\mu$, $\nu$ ... entre les formules (7). Le nombre de ces équations de condition sera $n-m$. En les réunissant aux formules (2), on obtiendra en tout $n$ équations, desquelles on déduira pour les variables données $x$, $y$, $z$ ... plusieurs systèmes de valeurs, parmi lesquels se trouveront nécessairement ceux qui, sans rendre discontinue l'une des fonctions $u$ et $du$, fourniront pour la première des *maxima* ou des *minima*.

Il est bon de remarquer que les équations de condition produites par l'élimination de $\lambda$, $\mu$, $\nu$ ..., entre les formules (7) ne seraient altérées en aucune manière, si l'on échangeait dans ces formules la fonction $u$ contre une des fonctions $v$, $w$ ... Par suite, on arriverait toujours aux mêmes équations de condition, si, au lieu de chercher les *maxima* et *minima* de la fonction $u$, en supposant $v=0$, $w=0$, ..., on cherchait les *maxima* et *minima* de la fonction $v$, en supposant $u=0$, $w=0$, ..., ou bien ceux de la fonction $w$, en supposant $u=0$, $v=0$, ...; &c. On pourrait même, sans altérer les équations de condition, remplacer les fonctions $u$, $v$, $w$ ... par les suivantes, $u-a$, $v-b$, $w-c$, &c., $a$, $b$, $c$ ... désignant des constantes arbitraires.

Dans le cas particulier où l'on veut obtenir les *maxima* ou les *minima* de la fonction $u$, en supposant $x, y, z$ ... assujetties à une seule équation

(8) $$v=0,$$

les formules (7) deviennent

(9) $$\frac{du}{dx}-\lambda\frac{dv}{dx}=0,\quad \frac{du}{dy}-\lambda\frac{dv}{dy}=0,\quad \frac{du}{dz}-\lambda\frac{dv}{dz}=0,\quad \&c.\ldots;$$

et l'on en conclut, par l'élimination de $\lambda$,

(10) $$\frac{\left(\frac{du}{dx}\right)}{\left(\frac{dv}{dx}\right)}=\frac{\left(\frac{du}{dy}\right)}{\left(\frac{dv}{dy}\right)}=\frac{\left(\frac{du}{dz}\right)}{\left(\frac{dv}{dz}\right)}=\&c.\ldots;$$

Cette dernière formule équivaut à $n-1$ équations distinctes, lesquelles, réunies à l'équation (8), détermineront les valeurs cherchées de $x, y, z$ ...

*1.er Exemple.* Supposons que, $a$, $b$, $c$ ... $r$ désignant des quantités constantes, et $x, y, z$ ... des variables assujetties à l'équation

$$x^2+y^2+z^2+\ldots=r^2,\quad \text{ou}\quad x^2+y^2+z^2+\ldots-r^2=0,$$

on demande le *maximum* et le *minimum* de la fonction $u=ax+by+cz+\ldots$ Dans cette hypothèse, la formule (10) se trouvant réduite à

(11) $$\frac{a}{x}=\frac{b}{y}=\frac{c}{z}=\&c.\ldots,$$

on en conclura [voyez *l'Analyse algébrique*, note II]

$$\frac{ax+by+cz+\ldots}{x^2+y^2+z^2+\ldots}=\pm\frac{\sqrt{(a^2+b^2+c^2+\ldots)}}{\sqrt{(x^2+y^2+z^2+\ldots)}},\quad \text{ou}\quad \frac{u}{r^2}=\pm\frac{\sqrt{(a^2+b^2+c^2+\ldots)}}{r},$$

et par conséquent,

(12) $$u=\pm r\sqrt{(a^2+b^2+c^2\ldots)}.$$

Pour s'assurer que les deux valeurs de $u$ données par l'équation (12) sont un *maximum* et un *minimum*, il suffit d'observer qu'on aura toujours

$$(13)\left\{\begin{array}{l}(ax+by+cz+\ldots)^2+(bx-ay)^2+(cx-az)^2+\ldots+(cy-bz)^2+\ldots\\ =(a^2+b^2+c^2+\ldots)(x^2+y^2+z^2+\ldots),\end{array}\right.$$

et par suite $u^2 < (a^2+b^2+c^2+\ldots)r^2$, à moins que les valeurs de $x$, $y$, $z$ . . . ne vérifient la formule (11).

2.$^e$ *Exemple.* Supposons que, $a$, $b$, $c$ . . . . $k$ désignant des quantités constantes, et $x$, $y$, $z$ . . . des variables assujetties à l'équation

$$ax+by+cz+\ldots=k,$$

on cherche le *minimum* de la fonction $u=x^2+y^2+z^2+\ldots$ Dans cette hypothèse, on obtiendra encore la formule (11), de laquelle on conclura $\frac{k}{u}=\pm\frac{\sqrt{(a^2+b^2+c^2+\ldots)}}{\sqrt{(u)}}$, et par suite

$$(14)\qquad u=\frac{k^2}{a^2+b^2+c^2+\ldots};$$

Si les variables $x, y, z$ ..., se réduisent à trois et désignent des coordonnées rectangulaires, la valeur de $\sqrt{u}$, donnée par l'équation (14), représentera évidemment la plus courte distance de l'origine à un plan fixe.

3.$^e$ *Exemple.* Concevons que l'on cherche les demi-axes d'une ellipse ou d'une hyperbole rapportée à son centre et représentée par l'équation

$$Ax^2+2Bxy+Cy^2=K.$$

Chacun de ces demi-axes sera un *maximum* ou un *minimum* du rayon vecteur $r$, mené de l'origine à la courbe, et déterminé par la formule $r^2=x^2+y^2$. Cela posé, comme on aura $dr=\frac{1}{r}(xdx+ydy)$, on ne pourra faire évanouir $dr$ qu'en supposant $r=\infty$ ou $xdx+ydy=0$. La première hypothèse ne peut être admise que pour une hyperbole. En admettant la seconde, on tirera de la formule (10)

$$\frac{x}{Ax+By}=\frac{y}{Cy+Bx}=\frac{x^2+y^2}{x(Ax+By)+y(Cy+Bx)}=\frac{r^2}{K},\ \frac{K}{r^2}-A=B\frac{y}{x},\ \frac{K}{r^2}-C=B\frac{x}{y},$$

$$(15)\qquad \left(\frac{K}{r^2}-A\right)\left(\frac{K}{r^2}-C\right)=B^2.$$

Observons maintenant qu'à des valeurs réelles de $r$ correspondront toujours des valeurs positives de $r^2$, et que l'équation (15) fournira, pour $r^2$, deux valeurs positives, si l'on a $AK>0$, $AC-B^2>0$ ; une seule, si l'on a $AC-B^2<0$. Effectivement, la courbe, étant une ellipse dans le premier cas, aura deux axes réels ; tandis que, dans le second cas, elle se changera en hyperbole, et n'aura plus qu'un seul axe réel.

## DOUZIÈME LEÇON.

### *Différentielles et Dérivées des divers ordres pour les Fonctions d'une seule variable. Changement de la Variable indépendante.*

COMME les fonctions d'une seule variable $x$ ont ordinairement pour dérivées d'autres fonctions de cette variable, il est clair que d'une fonction donnée $y=f(x)$ on pourra déduire en général une multitude de fonctions nouvelles dont chacune sera la dérivée de la précédente. Ces fonctions nouvelles sont ce qu'on nomme les *dérivées des divers ordres* de $y$ ou $f(x)$, et on les indique à l'aide des notations

$$y',\quad y'',\quad y''',\quad y^{IV},\quad y^{V},\quad \ldots\ y^{(n)}$$

ou $$f'(x),\ f''(x),\ f'''(x),\ f^{IV}(x),\ f^{V}(x),\ \ldots\ f^{(n)}(x).$$

Cela posé, $y'$ ou $f'(x)$ sera la dérivée du premier ordre de la fonction proposée $y=f(x)$ ; $y''$ ou $f''(x)$ sera la dérivée du second ordre de $y$, et en même temps la dérivée du premier ordre de $y'$ ; &c... ; enfin $y^{(n)}$ ou $f^{(n)}(x)$ [$n$ désignant un nombre entier quelconque] sera la dérivée de l'ordre $n$ de $y$, et en même temps la dérivée du premier ordre de $y^{(n-1)}$.

Soit maintenant $dx=h$ la différentielle de la variable $x$ supposée indépendante. On aura, d'après ce qu'on vient de dire,

$$(1)\qquad y'=\frac{dy}{dx},\quad y''=\frac{dy'}{dx},\quad y'''=\frac{dy''}{dx},\quad \ldots\ y^{(n)}=\frac{dy^{(n-1)}}{dx},$$

ou, ce qui revient au même,

$$(2)\qquad dy=y'.h,\quad dy'=y''.h,\quad dy''=y'''.h,\quad \ldots\ dy^{(n)}=y^{(n+1)}.h.$$

De plus, comme la différentielle d'une fonction de la variable $x$ est une autre fonction de cette variable, rien n'empêche de différencier $y$ plusieurs fois de suite. On obtiendra de cette manière les *différentielles des divers ordres* de la fonction $y$, savoir :

$$dy=y'h=y'dx,\quad ddy=h.dy'=y''h^2=y''dx^2,\quad dddy=h^2dy''=y'''h^3=y'''dx^3,\ \&c..$$

Pour abréger, on écrit simplement $d^2y$ au lieu de $ddy$, $d^3y$ au lieu de $dddy$, &c. ; en sorte que la différentielle du premier ordre est représentée par $dy$, la différentielle du second ordre par $d^2y$, celle du troisième ordre par $d^3y$, &c., et généralement la différentielle de l'ordre $n$ par $d^ny$. Ces conventions étant admises, on aura évidemment

(3) $dy = y'dx,\ d^2y = y''dx^2,\ d^3y = y'''dx^3,\ d^4y = y^{IV}dx^4, \ldots d^ny = y^{(n)}dx^n,$

et par suite

(4) $y' = \frac{dy}{dx},\ y'' = \frac{d^2y}{dx^2},\ y''' = \frac{d^3y}{dx^3},\ y^{IV} = \frac{d^4y}{dx^4}, \ldots y^{(n)} = \frac{d^ny}{dx^n}.$

Il résulte de la dernière des formules (3) que la dérivée de l'ordre $n$, savoir, $y^{(n)}$, est précisément le coefficient par lequel il faut multiplier la $n.^{me}$ puissance de la constante $h = dx$ pour obtenir la différentielle de l'ordre $n$. C'est pour cette raison que $y^{(n)}$ est quelquefois appelée *le coefficient différentiel de l'ordre n*.

Les méthodes par lesquelles on détermine les différentielles et les dérivées du premier ordre pour les fonctions d'une seule variable, servent également à calculer leurs différentielles et leurs dérivées des ordres supérieurs. Les calculs de cette espèce s'effectuent très-facilement, ainsi qu'on va le montrer par des exemples.

Soit d'abord $y = \sin x$. Comme, en désignant par $a$ une quantité constante, on a généralement $d\sin(x+a) = \cos(x+a)d(x+a) = \sin(x+a+\frac{1}{2}\pi)dx$, on en conclura

$d\sin x = \sin(x+\frac{1}{2}\pi)dx,\ d\sin(x+\frac{1}{2}\pi) = \sin(x+\pi)dx,\ d\sin(x+\pi) = \sin(x+\frac{3}{2}\pi)dx \ldots;$

et par suite on trouvera

pour $y = \sin x,\ y' = \sin(x+\frac{1}{2}\pi),\ y'' = \sin(x+\pi),\ y''' = \sin(x+\frac{3}{2}\pi), \ldots y^{(n)} = \sin(x+\frac{n}{2}\pi).$

En opérant de même, on trouvera encore

pour $y = \cos x,\ y' = \cos(x+\frac{1}{2}\pi),\ y'' = \cos(x+\pi),\ y''' = \cos(x+\frac{3}{2}\pi), \ldots y^{(n)} = \cos(x+\frac{n}{2}\pi);$

pour $y = A^x,\ y' = A^x(lA),\ y'' = A^x(lA)^2,\ y''' = A^x(lA)^3, \ldots y^{(n)} = A^x(lA)^n;$

pour $y = x^a,\ y' = ax^{a-1},\ y'' = a(a-1)x^{a-2}, \ldots y^{(n)} = a(a-1)(a-2)\ldots(a-n+1)x^{a-n}.$

Il est essentiel d'observer que chacune des expressions $\sin(x+\frac{1}{2}n\pi)$, $\cos(x+\frac{1}{2}n\pi)$, admet seulement quatre valeurs distinctes qui se reproduisent périodiquement et toujours dans le même ordre. Ces quatre valeurs, dont on obtient la première, la seconde, la troisième ou la quatrième, suivant que le nombre entier $n$, divisé par 4, donne pour reste

0, 1, 2 ou 3, sont respectivement $\sin x$, $\cos x$, $-\sin x$, $-\cos x$, pour l'expression $\sin(x + \frac{1}{2}n\pi)$, et $\cos x$, $-\sin x$, $-\cos x$, $\sin x$, pour l'expression $\cos(x + \frac{1}{2}n\pi)$. De plus, si, dans les fonctions $A^x$, $x^a$, on remplace la lettre $A$ par le nombre $e$ qui sert de base aux logarithmes Népériens, et la quantité $a$ par le nombre entier $n$, on reconnaîtra que les dérivées successives de $e^x$ sont toutes égales à $e^x$, tandis que, pour la fonction $x^n$, la dérivée de l'ordre $n$ se réduit à la quantité constante $1.2.3\ldots n$, et les suivantes à zéro.

En substituant les différentielles aux dérivées, on tirera des formules que nous venons d'établir

$$d^n \sin x = \sin(x + \tfrac{1}{2}n\pi)dx^n,\ d^n\cos x = \cos(x + \tfrac{1}{2}n\pi)dx^n,\ d^n A^x = A^x(lA)^n dx^n,$$
$$d^n e^x = e^x\, dx^n,\ d^n(x^a) = a(a-1)\ldots(a-n+1)x^{a-n}dx^n,\ d^n(x^n) = 1.2.3\ldots n.dx^n,$$
$$d^n l(x) = dx . d^{n-1}(x^{-1}) = (-1)^{n-1}\frac{1.2.3\ldots(n-1)}{x^n}dx^n, \ \&c.$$

Considérons encore les deux fonctions $f(x+a)$ et $f(ax)$. On trouvera pour $y = f(x+a)$, $y' = f'(x+a)$, $y'' = f''(x+a)$, … $y^{(n)} = f^{(n)}(x+a)$, $d^n y = f^{(n)}(x+a)dx^n$; pour $y = f(ax)$, $y' = af'(ax)$, $y'' = a^2 f''(ax)$, … $y^{(n)} = a^n f^{(n)}(ax)$, $d^n y = a^n f^{(n)}(ax)dx^n$.

*Exemples.* $d^n(x+a)^n = 1.2.3\ldots n.dx^n$, $d^n e^{ax} = a^n e^{ax} dx^n$, $d^n \sin ax = $ &c…

Soient maintenant $y = f(x)$ et $z$ deux fonctions de $x$ liées par l'équation

$$(5) \qquad z = F(y).$$

En différenciant cette équation plusieurs fois de suite, on trouvera

$$(6) \quad dz = F'(y)dy,\ d^2z = F''(y)dy^2 + F'(y)d^2y,\ d^3z = F'''(y)dy^3 + 3F''(y)dy\,d^2y + F'(y)d^3y, \quad \&c.$$

*Exemples.* $d^n(a+y) = d^n y$, $d^n(-y) = -d^n y$, $d^n(ay) = ad^n y$, $d^n(ax^n) = 1.2.3\ldots n.a\,dx^n$,
$de^y = e^y dy$, $d^2 e^y = e^y(dy^2 + d^2y)$, $d^3 e^y = e^y(dy^3 + 3dy\,d^2y + d^3y)$, &c.

Si la variable $x$ cessait d'être indépendante, l'équation

$$(7) \qquad y = f(x),$$

étant différenciée plusieurs fois de suite, donnerait naissance à de nouvelles formules parfaitement semblables aux équations (6), savoir :

$$(8) \quad dy = f'(x)dx,\ d^2y = f''(x)dx^2 + f'(x)d^2x,\ d^3y = f'''(x)dx^3 + 3f''(x)dx\,d^2x + f'(x)d^3x, \quad \&c.$$

On tire de celles-ci

$$(9)\quad\begin{cases} f'(x)=\dfrac{dy}{dx}, \\ f''(x)=\dfrac{dxd^2y-dyd^2x}{dx^3}=\dfrac{1}{dx}\,d\left(\dfrac{dy}{dx}\right), \\ f'''(x)=\dfrac{dx(dxd^3y-dyd^3x)-3d^2x(dxd^2y-dyd^2x)}{dx^5}=\dfrac{1}{dx}\,d\left(\dfrac{dxd^2y-dyd^2x}{dx^3}\right), \\ \&c.\ldots \end{cases}$$

Pour revenir au cas où $x$ est variable indépendante, il suffirait de supposer la différentielle $dx$ constante, et par suite $d^2x=0$, $d^3x=0$, &c. Alors les formules (9) deviendraient

$$(10)\qquad f'(x)=\frac{dy}{dx},\quad f''(x)=\frac{d^2y}{dx^2},\quad f'''(x)=\frac{d^3y}{dx^3},\ \&c.\ldots;$$

c'est-à-dire qu'elles se réduiraient aux équations (4). De ces dernières, comparées aux équations (9), il résulte que, si l'on exprime les dérivées successives de $f(x)$ à l'aide des différentielles des variables $x$ et $y=f(x)$, 1.° dans le cas où la variable $x$ est supposée indépendante, 2.° dans le cas où elle cesse de l'être, la dérivée du premier ordre sera la seule dont l'expression reste la même dans les deux hypothèses. Ajoutons que, pour passer du premier cas au second, il faudra remplacer

$$\frac{d^2y}{dx^2}\ \text{par}\ \frac{dxd^2y-dyd^2x}{dx^3},\quad \frac{d^3y}{dx^3}\ \text{par}\ \frac{dx(dxd^3y-dyd^3x)-3d^2x(dxd^2y-dyd^2x)}{dx^5},\ \&c..$$

C'est par des substitutions de cette nature qu'on peut opérer un *changement de variable indépendante.*

Parmi les fonctions composées d'une seule variable, il en est dont les différentielles successives se présentent sous une forme très-simple. Concevons, par exemple, que l'on désigne par $u$, $v$, $w$ . . . diverses fonctions de $x$. En différenciant $n$ fois chacune des fonctions composées

$$u+v,\quad u-v,\quad u+v\sqrt{-1},\quad au+bv+cw+\ldots,\ \text{on trouvera}$$

$$(11)\qquad d^n(u+v)=d^nu+d^nv,\ d^n(u-v)=d^nu-d^nv,\ d^n(u+v\sqrt{-1})=d^nu+d^nv\sqrt{-1},$$

$$(12)\qquad d^n(au+bv+cw+\ldots)=ad^nu+bd^nv+cd^nw+\ldots$$

Il suit de la formule (12) que la différentielle $d^ny$ de la fonction entière

$$y=ax^m+bx^{m-1}+cx^{m-2}+\ldots+px^2+qx+r$$

se réduit, pour $n=m$, à la quantité constante $1.2.3\ldots m.adx^m$, et pour $n>m$, à zéro.

## TREIZIÈME LEÇON.

### *Différentielles des divers ordres pour les Fonctions de plusieurs variables.*

SOIT $u = f(x, y, z \ldots)$ une fonction de plusieurs variables indépendantes $x, y, z \ldots$ Si l'on différencie cette fonction plusieurs fois de suite, soit par rapport à toutes les variables, soit par rapport à l'une d'elles seulement, on obtiendra plusieurs fonctions nouvelles dont chacune sera la dérivée totale ou partielle de la précédente. On pourrait même concevoir que les différenciations successives se rapportent tantôt à une variable, tantôt à une autre. Dans tous les cas, le résultat d'une, de deux, de trois, ... différenciations, successivement effectuées, est ce qu'on appelle une *différentielle totale* ou *partielle*, du premier, du second, du troisième ... *ordre*. Ainsi, par exemple, en différenciant plusieurs fois de suite par rapport à toutes les variables, on formera les différentielles totales $du$, $ddu$, $dddu$ ... que l'on désigne, pour abréger, par les notations $du$, $d^2u$, $d^3u$, ... Au contraire, en différenciant plusieurs fois de suite par rapport à la variable $x$, on formera les différentielles partielles $d_x u$, $d_x d_x u$, $d_x d_x d_x u$, ... que l'on désigne par les notations $d_x u$, $d_x^2 u$, $d_x^3 u$... En général, si $n$ est un nombre entier quelconque, la différentielle totale de l'ordre $n$ sera représentée par $d^n u$, et la différentielle du même ordre relative à une seule des variables $x, y, z$ .. par $d_x^n u$, $d_y^n u$, $d_z^n u$, &c. Si l'on différenciait deux ou plusieurs fois de suite par rapport à deux ou à plusieurs variables, on obtiendrait les différentielles partielles du second ordre ou des ordres supérieurs désignées par les notations $d_x d_y u$, $d_y d_x u$, $d_x d_z u$, ... $d_x d_y d_z u$, ... Or, il est facile de voir que les différentielles de cette espèce conservent les mêmes valeurs quand on intervertit l'ordre suivant lequel les différenciations relatives aux diverses variables doivent être effectuées. On aura, par exemple,

$$d_x d_y u = d_y d_x u. \tag{1}$$

C'est effectivement ce que l'on peut démontrer comme il suit.

Concevons que l'on indique par la lettre $x$, placée au bas de la caractéristique $\Delta$, l'accroissement que reçoit une fonction de $x, y, z$.. lorsqu'on fait croître $x$ seule d'une quantité infiniment petite $\alpha dx$. On trouvera

(2) $$\Delta_x u = f(x + \alpha dx, y, z \ldots) - f(x, y, z \ldots), \quad d_x u = \lim \frac{\Delta_x u}{\alpha},$$

(3) $$\Delta_x d_y u = d_y(u + \Delta_x u) - d_y u = d_y \Delta_x u, \text{ et par suite}$$

$$\frac{\Delta_x d_y u}{\alpha} = \frac{d_y \Delta_x u}{\alpha} = d_y \frac{\Delta_x u}{\alpha};$$

puis, en faisant converger $\alpha$ vers zéro, et ayant égard à la seconde des formules (2), on obtiendra l'équation (1). On établirait de la même manière les équations identiques $d_x d_z u = d_z d_x u$, $d_y d_z u = d_z d_y u$, &c.

*Exemple.* Si l'on pose $u = \text{arc tang} \frac{x}{y}$, on trouvera

$$d_x u = \frac{y}{x^2 + y^2} dx, \quad d_y u = \frac{-x}{x^2 + y^2} dy, \quad d_y d_x u = d_x d_y u = \frac{x^2 - y^2}{(x^2 + y^2)^2} dx\, dy.$$

L'équation (1) étant une fois démontrée, il en résulte que, dans une expression de la forme $d_x d_y d_z \ldots u$, il est toujours permis d'échanger entre elles les variables auxquelles se rapportent deux différenciations consécutives. Or, il est clair qu'à l'aide d'un ou de plusieurs échanges de cette espèce, on pourra intervertir de toutes les manières possibles l'ordre des différenciations. Ainsi, par exemple, pour déduire la différentielle $d_z d_y d_x u$ de la différentielle $d_x d_y d_z u$, il suffira d'amener d'abord par deux échanges consécutifs la lettre $x$ à la place de la lettre $z$, puis d'échanger ensuite les lettres $y$ et $z$, afin de ramener la lettre $y$ à la seconde place. On peut donc affirmer qu'une différentielle de la forme $d_x d_y d_z \ldots u$ a une valeur indépendante de l'ordre suivant lequel sont effectuées les différenciations relatives aux diverses variables. Cette proposition subsiste dans le cas même où plusieurs différenciations se rapportent à l'une des variables, comme il arrive pour les différentielles $d_x d_y d_x u$, $d_x d_y d_x d_x u$, &c. Lorsque cette circonstance se présente, et que deux ou plusieurs différenciations consécutives sont relatives à la variable $x$, on écrit, pour abréger, $d^2_x$ au lieu de $d_x d_x$, $d^3_x$ au lieu de $d_x d_x d_x$, &c. Cela posé, on aura

$$d^2_x d_y u = d_x d_y d_x u = d_y d^2_x u, \quad d^3_x d_y d_z u = d_x d_y d_x d_z d_x u = d_y d^3_x d_z u = \&c\ldots$$

$$d^2_x d^3_y u = d^3_y d^2_x u, \quad d_x d^2_y d^3_z u = d_x d^3_z d^2_y u = d^2_y d_x d^3_z u = \&c\ldots$$

et généralement, $l, m, n$ ... étant des nombres entiers quelconques,

$$(4)\qquad d^l_x\, d^m_y\, d^n_z \ldots u = d^l_x\, d^n_z\, d^m_y \ldots u = d^m_y\, d^l_x\, d^n_z \ldots u = \&c\ldots$$

Comme, en différenciant une fonction des variables indépendantes $x, y, z, \ldots$ par rapport à l'une d'elles, on obtient pour résultat une nouvelle fonction de ces variables multipliée par la constante finie $dx$, ou $dy$, ou $dz \ldots$, et que, dans la différenciation d'un produit, les facteurs constans passent toujours en dehors de la caractéristique $d$; il il est clair que, si l'on effectue l'une après l'autre, sur la fonction $u = f(x, y, z \ldots)$, $l$ différenciations relatives à $x$, $m$ différenciations relatives à $y$, $n$ différenciations relatives à $z$, .. la différentielle qui résultera de ces diverses opérations, savoir, $d^l_x\, d^m_y\, d^n_z \ldots u$, sera le produit d'une nouvelle fonction de $x, y, z \ldots$ par les facteurs $dx, dy, dz \ldots$ élevés, le premier à la puissance $l$, le second à la puissance $m$, le troisième à la puissance $n$ . . . La nouvelle fonction dont il s'agit ici, est ce qu'on nomme une *dérivée partielle* de $u$, de *l'ordre* $l + m + n + \ldots$ Si on la désigne par $\varpi(x, y, z \ldots)$, on aura

$$(5)\qquad d^l_x\, d^m_y\, d^n_z \ldots u = \varpi(x, y, z \ldots)\, dx^l\, dy^m\, dz^n \ldots,$$ et par suite

$$(6)\qquad \varpi(x, y, z \ldots) = \frac{d^l_x\, d^m_y\, d^n_z \ldots u}{dx^l\, dy^m\, dz^n \ldots}.$$

Il est facile d'exprimer les différentielles totales $d^2u$, $d^3u$ ... à l'aide des différentielles partielles de la fonction $u$, ou de ses dérivées partielles. En effet, on tire de la formule (10) [8.e leçon]

$$d^2 u = ddu = d_x du + d_y du + d_z du + \ldots$$
$$= d_x(d_x u + d_y u + d_z u \ldots) + d_y(d_x u + d_y u + d_z u \ldots) + d_z(d_x u + d_y u + d_z u \ldots),$$

et par suite

$$(7)\qquad d^2 u = d^2_x u + d^2_y u + d^2_z u + \ldots + 2 d_x d_y u + 2 d_x d_z u \ldots + 2 d_y d_z u + \ldots,$$

ou, ce qui revient au même,

$$(8)\qquad d^2 u =$$
$$\frac{d^2_x u}{dx^2} dx^2 + \frac{d^2_y u}{dy^2} dy^2 + \frac{d^2_z u}{dz^2} dz^2 + \ldots + 2\,\frac{d_x d_y u}{dx\, dy} dx\, dy + 2\,\frac{d_x d_z u}{dx\, dz} dx\, dz \ldots + 2\,\frac{d_y d_z u}{dy\, dz} dy\, dz \ldots$$

On obtiendrait avec la même facilité les valeurs de $d^3u$, $d^4u$, ...

*Exemples.* $d^2(xyz) = 2(x\,dy\,dz + y\,dz\,dx + z\,dx\,dy)$, $d^3(xyz) = 6\,dx\,dy\,dz$, $d^2(x^2 + y^2 + z^2 \ldots) = 2(dx^2 + dy^2 + dz^2 \ldots)$, $d^3(x^3 + y^3 + z^3 \ldots) = 6(dx^3 + dy^3 + dz^3 \ldots)$, &c.

Pour abréger, on supprime ordinairement dans les équations (6), (8), &c.. les lettres que nous avons écrites au bas de la caractéristique $d$, et l'on remplace le second membre de la formule (6) par la notation

(9) $$\frac{d^{l+m+n+\ldots}u}{dx^l\, dy^m\, dz^n \ldots}$$

Alors les dérivées partielles du second ordre se trouvent représentées par $\frac{d^2u}{dx^2}$, $\frac{d^2u}{dy^2}$, $\frac{d^2u}{dz^2}$.. $\frac{d^2u}{dx\,dy}$, $\frac{d^2u}{dx\,dz}$.. $\frac{d^2u}{dy\,dz}$.., les dérivées partielles du troisième ordre, par $\frac{d^3u}{dx^3}$, $\frac{d^3u}{dx^2\,dy}$, $\frac{d^3u}{dx\,dy^2}$ ..., &c.; et la valeur de $d^2u$ se réduit à

(10) $$d^2u =$$

$$\frac{d^2u}{dx^2}dx^2 + \frac{d^2u}{dy^2}dy^2 + \frac{d^2u}{dz^2}dz^2 \ldots + 2\frac{d^2u}{dx\,dy}dx\,dy + 2\frac{d^2u}{dx\,dz}dx\,dz \ldots + 2\frac{d^2u}{dy\,dz}dy\,dz \ldots$$

Mais il n'est plus permis d'effacer, dans cette valeur, les différentielles $dx$, $dy$, $dz$..., attendu que $\frac{d^2u}{dx^2}$, $\frac{d^2u}{dx\,dy}$ ... ne désignent pas les quotiens qu'on obtiendrait en divisant $d^2u$ par $dx^2$, ou par $dx\,dy$, ...

Si, au lieu de la fonction $u=f(x, y, z \ldots)$, on considérait la suivante

(11) $$s = F(u, v, w \ldots),$$

les quantités $u$, $v$, $w$ ... étant elles-mêmes des fonctions quelconques des variables indépendantes $x$, $y$, $z$.., les valeurs de $ds$, $d^2s$.. se déduiraient sans peine des principes établis dans la neuvième leçon. Effectivement, en différenciant plusieurs fois la formule (11), on trouverait

(12) $$\left\{\begin{array}{l} ds = \frac{dF(u,v,w\ldots)}{du}du + \frac{dF(u,v,w\ldots)}{dv}dv + \frac{dF(u,v,w\ldots)}{dw}dw + \&c.\ldots \\ d^2s = \frac{d^2F(u,v,w\ldots)}{du^2}du^2 + \ldots + 2\frac{d^2F(u,v,w\ldots)}{du\,dv}du\,dv + \ldots + \frac{dF(u,v,w\ldots)}{du}d^2u + \&c. \\ \&c.\ldots \end{array}\right.$$

*Exemples.* $d^n(u+v)=d^nu+d^nv$, $d^n(u-v)=d^nu-d^nv$, $d^n(u+v\sqrt{-1})=d^nu+\sqrt{-1}\,d^nv$,

$$d^n(au+bv+cw+\ldots)=a\,d^nu+b\,d^nv+c\,d^nw+\ldots$$

On obtiendrait encore avec la plus grande facilité les différentielles des fonctions implicites de plusieurs variables indépendantes. Il suffirait de différencier une ou plusieurs fois de suite les équations qui détermineraient ces mêmes fonctions, en considérant comme constantes les différentielles des variables indépendantes, et les autres différentielles comme de nouvelles fonctions de ces variables.

## QUATORZIEME LEÇON.

*Méthodes propres à simplifier la recherche des Différentielles totales, pour les fonctions de plusieurs variables indépendantes. Valeurs symboliques de ces Différentielles.*

SOIT toujours $u = f(x, y, z \ldots)$ une fonction de plusieurs variables indépendantes $x, y, z \ldots$; et désignons par $\varphi(x, y, z \ldots)$, $\chi(x, y, z \ldots)$, $\psi(x, y, z \ldots)$, &c., ses dérivées partielles du premier ordre relatives à $x$, à $y$, à $z \ldots$ Si l'on fait, comme dans la 8.$^e$ leçon,

(1) $$F(\alpha) = f(x + \alpha dx, \; y + \alpha dy, \; z + \alpha dz \ldots),$$

puis, que l'on différencie les deux membres de l'équation (1) par rapport à la variable $\alpha$, on trouvera

(2) $$F'(\alpha) = \varphi(x+\alpha dx, y+\alpha dy, z+\alpha dz \ldots)dx + \chi(x+\alpha dx, y+\alpha dy, z+\alpha dz \ldots)dy + \psi(x+\alpha dx, y+\alpha dy, z+\alpha dz \ldots)dz + \ldots$$

Si, dans cette dernière formule, on pose $\alpha = 0$, on obtiendra la suivante

(3) $$F'(0) = \varphi(x, y, z \ldots)dx + \chi(x, y, z \ldots)dy + \psi(x, y, z \ldots)dz + \ldots = du;$$

laquelle s'accorde avec l'équation (16) de la huitième leçon. De plus, il résulte évidemment de la comparaison des équations (1) et (2) qu'en différenciant, par rapport à $\alpha$, une fonction des quantités variables

(4) $$x + \alpha dx, \quad y + \alpha dy, \quad z + \alpha dz, \quad \ldots$$

on obtient pour dérivée une autre fonction de ces quantités combinées d'une certaine manière avec les constantes $dx$, $dy$, $dz$ ... De nouvelles différenciations, relatives à la variable $\alpha$, devant produire de nouvelles fonctions du même genre, nous sommes en droit de conclure que les expressions (4) seront les seules quantités variables renfermées, non-seulement dans $F(\alpha)$ et $F'(\alpha)$, mais aussi dans $F''(\alpha)$, $F'''(\alpha)$.., et généralement dans $F^{(n)}(\alpha)$, $n$ désignant un nombre entier quelconque. Par suite les différences

$$F(\alpha) - F(0), \quad F'(\alpha) - F'(0), \quad F''(\alpha) - F''(0), \; \ldots \; F^{(n)}(\alpha) - F^{(n)}(0),$$

seront précisément égales aux accroissemens que reçoivent les fonctions de $x$, $y$, $z$ . . . représentées par

$$F(0), \quad F'(0), \quad F''(0), \quad \ldots\ldots \quad F^{(n)}(0),$$

lorsqu'on attribue aux variables indépendantes les accroissemens infiniment petits $\alpha dx$, $\alpha dy$, $\alpha dz$ . . . Cela posé, comme on a $F(0) = u$, on trouvera successivement, en faisant converger $\alpha$ vers la limite zéro,

$$F'(0) = \lim \frac{F(\alpha) - F(0)}{\alpha} = \lim \frac{\Delta u}{\alpha} = du,$$

$$F''(0) = \lim \frac{F'(\alpha) - F'(0)}{\alpha} = \lim \frac{\Delta du}{\alpha} = ddu = d^2 u,$$

$$F'''(0) = \lim \frac{F''(\alpha) - F''(0)}{\alpha} = \lim \frac{\Delta d^2 u}{\alpha} = dd^2 u = d^3 u,$$

&c. . . .

$$F^{(n)}(0) = \lim \frac{F^{(n-1)}(\alpha) - F^{(n-1)}(0)}{\alpha} = \lim \frac{\Delta d^{n-1} u}{\alpha} = dd^{n-1} = d^n u.$$

En résumé, l'on aura

(5) $\quad u = F(0),\ du = F'(0),\ d^2 u = F''(0),\ d^3 u = F'''(0), \ldots d^n u = F^{(n)}(0).$

Ainsi, pour former les différentielles totales $du$, $d^2 u$ . . . $d^n u$, il suffira de calculer les valeurs particulières que reçoivent les fonctions dérivées $F'(\alpha)$, $F''(\alpha) \ldots F^{(n)}(\alpha)$, dans le cas où la variable $\alpha$ s'évanouit.

Parmi les méthodes propres à simplifier la recherche des différentielles totales, on doit encore distinguer celles qui s'appuient sur la considération des valeurs symboliques de ces différentielles.

En analyse, on appelle *expression symbolique* ou *symbole*, toute combinaison de signes algébriques qui ne signifie rien par elle-même, ou à laquelle on attribue une valeur différente de celle qu'elle doit naturellement avoir. On nomme de même *équations symboliques*, toutes celles qui, prises à la lettre, et interprétées d'après les conventions généralement établies, sont inexactes ou n'ont pas de sens, mais desquelles on peut déduire des résultats exacts, en modifiant ou altérant, selon des règles fixes, ou ces équations elles-mêmes, ou les symboles qu'elles renferment. Dans le nombre des équations symboliques qu'il est utile de connaître, on doit comprendre les équations imaginaires [voyez l'*Analyse algébrique*, chapitre VII], et celles que nous allons établir.

Si l'on désigne par $a$, $b$, $c$.. des quantités constantes, et par $l$, $m$, $n$.. $p$,

$q$, $r$... des nombres entiers, la différentielle totale de l'expression

(6) $$a d_x^l d_y^m d_z^n \ldots u + b d_x^p d_y^q d_z^r \ldots u + \&c\ldots$$

sera donnée par la formule

(7) $$\begin{aligned} d[a d_x^l d_y^m d_z^n \ldots u + b d_x^p d_y^q d_z^r \ldots u + \ldots] &= d_x[a d_x^l d_y^m d_z^n \ldots u + b d_x^p d_y^q d_z^r \ldots u + \ldots] \\ &+ d_y[a d_x^l d_y^m d_z^n \ldots u + b d_x^p d_y^q d_z^r \ldots u + \ldots] + d_z[a d_x^l d_y^m d_z^n \ldots u + b d_x^p d_y^q d_z^r \ldots u + \ldots]\ldots \\ &= a d_x^{l+1} d_y^m d_z^n \ldots u + a d_x^l d_y^{m+1} d_z^n \ldots u + a d_x^l d_y^m d_z^{n+1} \ldots u \ldots + b d_x^{p+1} d_y^q d_z^r \ldots u + \ldots \end{aligned}$$

De cette formule réunie à l'équation (5) de la 13.[e] leçon, on déduit immédiatement la proposition suivante.

Théorème. *Pour obtenir la différentielle totale de l'expression* (6), *il suffit de multiplier par $d$ le produit des deux facteurs* $a d_x^l d_y^m d_z^n \ldots + b d_x^p d_y^q d_z^r \ldots + \ldots$ *et* $u$, *en supposant* $d = d_x + d_y + d_z + \ldots$, *et opérant comme si les notations* $d$, $d_x$, $d_y$, $d_z$ ... *représentaient de véritables quantités distinctes les unes des autres, de développer le nouveau produit, en écrivant, dans les différens termes, les facteurs* $a$, $b$, $c$ ... *à la première place, et la lettre* $u$ *à la dernière; puis de concevoir que, dans chaque terme, les notations* $d_x$, $d_y$, $d_z$... *cessent de représenter des quantités et reprennent leur signification primitive.*

*Exemples.* En déterminant, à l'aide de ce théorème, la différentielle totale de l'expression

(8) $$d_x u + d_y u + d_z u + \ldots,$$

on obtiendra précisément la valeur de $ddu$ ou de $d^2u$, que fournit l'équation (7) de la leçon précédente. En appliquant de nouveau le théorème à cette valeur de $d^2u$, on obtiendra celle de $d^3u$, et ainsi de suite.

*Nota.* Lorsqu'on ne fait qu'indiquer les multiplications, à l'aide desquelles on peut, d'après le théorème, calculer la différentielle totale de l'expression (6), on obtient, au lieu de l'équation (7), la formule symbolique

(9) $$\left\{ \begin{aligned} & d[a d_x^l d_y^m d_z^n \ldots u + b d_x^p d_y^q d_z^r \ldots u + \ldots] = \\ & [a d_x^l d_y^m d_z^n \ldots + b d_x^p d_y^q d_z^r \ldots + \ldots][d_x + d_y + d_z + \ldots]u. \end{aligned} \right.$$

Comme, dans la formule (9), les notations $d_x$, $d_y$, $d_z$ ..., sont employées pour représenter des différentielles, cette formule, prise à la lettre, n'a aucun sens; mais elle redevient exacte, dès qu'on a développé son second membre, à l'aide des règles ordinaires de la multiplication algébrique, et en opérant comme si $d_x$, $d_y$, $d_z$ ... étaient de véritables quantités.

Lorsqu'à l'expression (6) on substitue l'expression (8), et que l'on différencie cette dernière plusieurs fois de suite, on obtient par les mêmes procédés les valeurs symboliques des différentielles totales $d^2u$, $d^3u$.., savoir, $(d_x+d_y+d_z..)(d_x+d_y+d_z..)u$, $(d_x+d_y+d_z..)(d_x+d_y+d_z..)(d_x+d_y+d_z..)u$, &c. En joignant à ces valeurs symboliques celle de $du$, puis écrivant, pour abréger, $(d_x+d_y+d_z...)^2$ au lieu de $(d_x+d_y+d_z...)(d_x+d_y+d_z...)$, $(d_x+d_y+d_z...)^3$ au lieu de $(d_x+d_y+d_z...)(d_x+d_y+d_z...)(d_x+d_y+d_z...)$, &c... on formera les équations symboliques

(10) $du=(d_x+d_y+d_z..)u$, $d^2u=(d_x+d_y+d_z..)^2u$, $d^3u=(d_x+d_y+d_z..)^3u$,...

et l'on aura généralement, $n$ désignant un nombre entier quelconque,

(11) $$d^nu=(d_x+d_y+d_z...)^nu.$$

Soit maintenant

(12) $$s=F(u,\ v,\ w...),$$

$u, v, w$.. étant des fonctions des variables indépendantes $x, y, z$.. On trouvera encore

(13) $$d^ns=(d_x+d_y+d_z...)^ns.$$

Il est très-facile de développer le second membre de cette dernière équation, dans le cas particulier où l'on suppose $u$ fonction de $x$ seule, $v$ fonction de $y$ seule, $w$ fonction de $z$ seule, &c... D'ailleurs, pour passer de ce cas particulier au cas général, il suffira évidemment de remplacer $d_xu$, $d_x^2u$, $d_x^3u$... par $du$, $d^2u$, $d^3u$.., $d_yv$, $d_y^2v$.. par $dv$, $d^2v$.., &c..., c'est-à-dire, d'effacer les lettres $x, y, z$.. placées au bas de la caractéristique $d$. Donc il sera facile, dans tous les cas, de tirer de la formule (13) la valeur de $d^ns$. Prenons, pour fixer les idées, $s=uv$. En opérant, comme on vient de le dire, on trouvera successivement

(14) $$d^n(uv)=u\,d_y^nv+\frac{n}{1}d_xu\,d_y^{n-1}v+\frac{n(n-1)}{1.2}d_x^2u\,d_y^{n-2}v+\ldots+\frac{n}{1}d_yv\,d_x^{n-1}u+d_x^nu,$$

(15) $$d^n(uv)=u\,d^nv+\frac{n}{1}du\,d^{n-1}v+\frac{n(n-1)}{1.2}d^2u\,d^{n-2}v+\ldots+\frac{n}{1}dv\,d^{n-1}u+v\,d^nu.$$

La dernière formule subsiste, quelles que soient les valeurs de $u$, $v$, en $x$, $y$, et dans le cas même où $u$, $v$, se réduisent à deux fonctions de $x$.

*Exemple.* $d^n\left(\frac{e^{ax}}{x}\right)=\frac{a^ne^{ax}}{x}\left(1-\frac{n}{ax}+\frac{n(n-1)}{a^2x^2}-\frac{n(n-1)(n-2)}{a^3x^3}+\ldots\pm\frac{n(n-1)\ldots3.2.1}{a^nx^n}\right)dx^n.$

---

# QUINZIÈME LEÇON.

*Relations qui existent entre les Fonctions d'une seule variable et leurs dérivées ou différentielles des divers ordres. Usage de ces différentielles dans la recherche des* maxima *et* minima.

SUPPOSONS que la fonction $f(x)$ s'évanouisse pour la valeur particulière $x_0$ de la variable $x$. Concevons de plus que cette même fonction et ses dérivées successives, jusqu'à celle de l'ordre $n$, soient continues dans le voisinage de la valeur particulière dont il s'agit, et que la continuité subsiste pour chacune d'elles entre les deux limites $x=x_0$, $x=x_0+h$. L'équation (6) de la 7.[e] leçon donnera

$$f(x_0+h)=f(x_0)+hf'(x_0+\theta h)=hf'(x_0+\theta h),$$

$\theta$ désignant un nombre inférieur à l'unité; ou, en d'autres termes,

(1) $$f(x_0+h)=hf'(x_0+h_1),$$

$h_1$ désignant une quantité de même signe que $h$, mais d'une valeur numérique moindre. Si les fonctions dérivées $f'(x)$, $f''(x)\ldots f^{(n-1)}(x)$ s'évanouissent à leur tour pour $x=x_0$, on trouvera encore

(2) $$\left\{\begin{array}{l} f'(x_0+h_1)=h_1 f''(x_0+h_2), \\ f''(x_0+h_2)=h_2 f'''(x_0+h_3), \\ \&c\ldots \\ f^{(n-1)}(x_0+h_{n-1})=h_{n-1} f^{(n)}(x_0+h_n); \end{array}\right.$$

$h_1, h_2, h_3 \ldots h_n$ représentant des quantités qui seront toutes de même signe, mais dont les valeurs numériques décroîtront de plus en plus. Des équations (2) réunies à l'équation (1), on déduira sans peine la suivante

(3) $$f(x_0+h)=hh_1h_2\ldots h_{n-1}f^{(n)}(x_0+h_n),$$

dans laquelle $h_n$ sera une quantité de même signe que $h$, et le produit $hh_1h_2\ldots h_{n-1}$ une quantité de même signe que $h^n$. Ajoutons que les deux rapports $\frac{h_n}{h}$, $\frac{hh_1h_2\ldots h_n}{h^n}$ seront des nombres évidemment compris entre les limites 0 et 1, de sorte qu'en désignant par $\theta$ et $\Theta$ deux nombres de cette espèce, on pourra présenter l'équation (3) sous la forme

(4) $$f(x_0+h) = \Theta h^n f^{(n)}(x_0+\theta h).$$

Si l'on imagine que la quantité $h$ devienne infiniment petite, la formule (4) subsistera toujours, et l'on trouvera, en écrivant $i$ au lieu de $h$,

(5) $$f(x_0+i) = \Theta i^n f^{(n)}(x_0+\theta i).$$

De plus, comme, pour de très-petites valeurs numériques de $i$, l'expression $f^{(n)}(x_0+\theta i)$ sera très-peu différente de $f^{(n)}(x_0)$, on déduira immédiatement de l'équation (5) la proposition que je vais énoncer.

1.$^{er}$ Théorème. *Supposons que la fonction $f(x)$ et ses dérivées successives, jusqu'à celle de l'ordre $n$, étant continues par rapport à $x$ dans le voisinage de la valeur particulière $x=x_0$, s'évanouissent toutes, à l'exception de $f^{(n)}(x)$, pour cette même valeur. Alors, en désignant par $i$ une quantité très-peu différente de zéro, et posant $x=x_0+i$, on obtiendra pour $f(x)$ une quantité affectée du même signe que le produit $i^n f^{(n)}(x_0)$.*

Il est aisé de vérifier ce théorème sur la fonction $f(x)=(x-x_0)^n \varphi(x)$.

Lorsque la fonction $f(x)$ cesse de s'évanouir pour $x=x_0$, le théorème 1.$^{er}$ peut être remplacé par le suivant.

2.$^e$ Théorème. *Supposons que les fonctions*

$$f(x),\ f'(x),\ f''(x),\ \ldots\ f^{(n)}(x),$$

*étant continues par rapport à $x$ dans le voisinage de la valeur particulière $x=x_0$, s'évanouissent toutes, à l'exception de la première $f(x)$ et de la dernière $f^{(n)}(x)$, pour cette même valeur. En désignant par $i$ une quantité très-peu différente de zéro, on obtiendra pour la différence infiniment petite $f(x_0+i)-f(x_0)$ une valeur affectée du même signe que le produit $i^n f^{(n)}(x_0)$.*

*Démonstration.* Pour déduire le 2.$^e$ théorème du 1.$^{er}$, il suffit de substituer à la fonction $f(x)$ la fonction $f(x)-f(x_0)$ qui a les mêmes dérivées que la première, et qui de plus s'évanouit pour $x=x_0$. En vertu de la même substitution, l'équation (5) se trouvera remplacée par la suivante

(6) $$f(x_0+i)-f(x_0) = \Theta i^n f^{(n)}(x_0+\theta i).$$

Si maintenant on écrit $x$ au lieu de $x_0$, et si l'on pose $f(x) = y$, $\Delta x = i = \alpha h$, l'équation (6) prendra la forme

(7) $$\Delta y = \Theta \alpha^n (d^n y + \beta),$$

$\beta$ désignant, aussi bien que $\alpha$, une quantité infiniment petite. Toutefois il est essentiel d'observer que la formule (7) subsistera seulement pour la valeur particulière $x = x_0$.

*Corollaire.* Les mêmes choses étant admises que dans le 2.$^e$ théorème, supposons qu'après avoir assigné à la variable $x$ la valeur $x_0$, on attribue à cette même variable un accroissement infiniment petit. L'accroissement correspondant de la fonction $f(x)$ sera, si $n$ désigne un nombre pair, une quantité constamment affectée du même signe que la valeur de $f^{(n)}(x)$ ou de $d^n y$, correspondante à $x = x_0$. Si au contraire $n$ représente un nombre impair, l'accroissement de la fonction changera de signe avec celui de la variable.

Nous avons fait voir dans la 6.$^e$ leçon que les valeurs de $x$, qui, sans rendre discontinue l'une des fonctions $f(x)$, $f'(x)$, donnaient pour la première des *maxima* ou des *minima*, étaient nécessairement des racines de l'équation

(8) $$f'(x) = 0.$$

Or, à l'aide de ce qui précède, on pourra décider en général si une racine de l'équation (8) produit un *maximum* ou un *minimum* de $f(x)$. En effet soient $x_0$ cette racine, et $f^{(n)}(x)$ la première des dérivées de $f(x)$ qui ne s'évanouisse pas avec $f'(x)$, pour la valeur particulière $x = x_0$. Supposons de plus que, dans le voisinage de cette valeur particulière, les fonctions $f(x)$, $f'(x)$, ... $f^{(n)}(x)$ soient toutes continues par rapport à $x$. Il suit évidemment du 2.$^e$ théorème que $f(x_0)$ sera un *maximum*, si, $n$ étant un nombre pair, $f^{(n)}(x_0)$ a une valeur négative; et un *minimum*, si $n$ étant un nombre pair, $f^{(n)}(x_0)$ a une valeur positive. Si $n$ était un nombre impair, l'accroissement de la fonction changeant de signe avec celui de la variable, $f(x_0)$ ne serait plus ni un *maximum*, ni un *minimum*. En observant d'ailleurs que les différentielles $df(x)$, $d^2 f(x)$, ... s'évanouissent toujours avec les fonctions dérivées $f'(x)$, $f''(x)$, ... et que, pour des valeurs paires de $n$, $d^n f(x) = f^{(n)}(x)\,dx^n$ a le même signe que $f^{(n)}(x)$, on se trouvera naturellement conduit à la proposition suivante.

3.$^e$ Théorème. *Soit $y = f(x)$ une fonction donnée de la variable $x$. Pour décider si une racine de l'équation $dy = 0$ produit un* maximum *ou un* minimum *de la fonction proposée, il suffira ordinairement de calculer les valeurs de $d^2y$, $d^3y$, $d^4y$ ... correspondantes à cette racine. Si la valeur de $d^2y$ est positive ou négative, la valeur de $y$ sera un* minimum *dans le premier cas, un* maximum *dans le second. Si la valeur de $d^2y$ se réduit à zéro, on devra chercher parmi les différentielles $d^3y$, $d^4y$, .... la première qui ne s'évanouira pas. Désignons celle-ci par $d^ny$. Si $n$ est un nombre impair, la valeur de $y$ ne sera ni un* maximum *ni un* minimum. *Si au contraire $n$ est un nombre pair, la valeur de $y$ sera un* minimum, *toutes les fois que la différentielle $d^ny$ sera positive, et un* maximum, *toutes les fois que la différentielle $d^ny$ sera négative.*

*Nota.* Il faut admettre pour le 3.$^e$ théorème, comme pour les deux premiers, que la fonction $y$, et ses dérivées successives, jusqu'à celle de l'ordre $n$, sont continues dans le voisinage de la valeur particulière attribuée à la variable $x$.

Si, au lieu de prendre pour $y$ une fonction explicite de la variable $x$, on supposait la valeur de $y$ en $x$ donnée par une équation de la forme $u = 0$, le 3.$^e$ théorème serait toujours applicable. Seulement, dans cette hypothèse, les valeurs successives de $dy$, $d^2y$, $d^3y$... devraient être déduites des équations différentielles $du = 0$, $d^2u = 0$, $d^3u = 0$, &c...

*Exemple.* Soit $y = x^a e^{-x}$, $a$ désignant une quantité positive. On aura $l(y) = a\,l(x) - x$. En différenciant deux fois de suite la dernière équation, on trouvera

$$\frac{dy}{y} = \left(\frac{a}{x} - 1\right)dx, \quad \frac{d^2y}{y} - \left(\frac{dy}{y}\right)^2 = -a\left(\frac{dx}{x}\right)^2;$$

puis, en posant $dy = 0$, et faisant abstraction de la valeur zéro que $y$ peut recevoir,

$$(9) \qquad 0 = \frac{a}{x} - 1, \quad \frac{d^2y}{y} = -a\left(\frac{dx}{x}\right)^2.$$

La valeur de $d^2y$ donnée par la seconde des formules (9) étant négative, il en résulte que la valeur de $x$ donnée par la première fournit un *maximum* de $y$.

## SEIZIÈME LEÇON.

*Usage des Différentielles des divers ordres dans la recherche des* maxima *et* minima *des Fonctions de plusieurs variables.*

SOIT $u = f(x, y, z \ldots)$ une fonction des variables indépendantes $x$, $y$, $z \ldots$, et posons, comme dans la 10.$^e$ leçon,

(1) $$f(x + \alpha dx,\ y + \alpha dy,\ z + \alpha dz \ldots) = F(\alpha).$$

Pour que la valeur de $u$ relative à certaines valeurs particulières de $x$, $y$, $z \ldots$ soit un *maximum* ou un *minimum*, il sera nécessaire et il suffira que la valeur correspondante de $F(\alpha)$ devienne toujours un *maximum* ou un *minimum*, en vertu de la supposition $\alpha = 0$. On en conclut [*voyez* la 10.$^e$ leçon] que les systèmes de valeurs de $x$, $y$, $z \ldots$ qui, sans rendre discontinue l'une des deux fonctions $u$ et $du$, fournissent pour la première des *maxima* ou des *minima*, vérifient nécessairement, quels que soient $dx$, $dy$, $dz \ldots$, l'équation

(2) $$du = 0,$$

et par conséquent les suivantes

(3) $$\frac{du}{dx} = 0,\quad \frac{du}{dy} = 0,\quad \frac{du}{dz} = 0,\quad \&c. \ldots$$

Soient $x_0$, $y_0$, $z_0$ ... les valeurs particulières de $x$, $y$, $z \ldots$ dont se compose un de ces systèmes. La valeur correspondante de $F(\alpha)$ deviendra un *maximum* ou un *minimum* pour $\alpha = 0$, quelles que soient les différentielles $dx$, $dy$, $dz \ldots$, si, pour toutes les valeurs possibles de ces différentielles, la première des quantités $F'(0)$, $F''(0)$, $F'''(0)$, &c... qui ne sera pas nulle, correspond à un indice pair, et conserve toujours le même signe [*voyez* la 15.$^e$ leçon]. Ajoutons que $F(0)$ sera un *maximum*, si la quantité dont il s'agit est toujours négative, et un *minimum*, si elle est toujours positive. Lorsque celle des quantités $F'(0)$, $F''(0)$, $F'''(0) \ldots$, qui cesse la première de s'évanouir, correspond à un indice impair ; pour toutes les valeurs possibles de $dx$, $dy$, $dz$..., ou seulement pour des valeurs particulières de ces mêmes différentielles, ou bien encore, lorsque cette quantité est tantôt positive, tantôt négative, alors $F(o)$ ne peut plus être ni un *maximum*, ni un *minimum*. Si maintenant on a égard aux équations (5) de la 14.$^e$ leçon, savoir,

$$F(o) = u, \quad F'(o) = du, \quad F''(o) = d^2 u, \quad \&c....$$

on déduira des remarques que nous venons de faire, la proposition suivante.

Théorème. *Soit $u = f(x, y, z...)$ une fonction donnée des variables indépendantes $x, y, z$... Pour décider si un système de valeurs de $x, y, z$... propre à vérifier les formules* (3) *produit un* maximum *ou un* minimum *de la fonction $u$, on calculera les valeurs de $d^2 u$, $d^3 u$, $d^4 u$, &c... qui correspondent à ce système, et qui seront évidemment des polynomes dans lesquels il n'y aura plus d'arbitraire que les différentielles $dx = h$, $dy = k$, $dz = l$.. Soit*

$$(4) \qquad d^n u = \frac{d^n u}{dx^n} h^n + \frac{d^n u}{dy^n} k^n + .. + \frac{n}{1} \frac{d^n u}{dx^{n-1} dy} h^{n-1} k + ...,$$

*le premier de ces polynomes qui ne s'évanouira pas, $n$ désignant un nombre entier qui pourra dépendre des valeurs attribuées aux différentielles $h, k, l$... Si, pour toutes les valeurs possibles de ces différentielles, $n$ est un nombre pair, et $d^n u$ une quantité positive, la valeur proposée de $u$ sera un* minimum. *Elle sera un* maximum, *si, $n$ étant toujours pair, $d^n u$ reste toujours négative. Enfin, si le nombre $n$ est quelquefois impair, ou si la différentielle $d^n u$ est tantôt positive, tantôt négative, la valeur calculée de $u$ ne sera ni un* maximum, *ni un* minimum.

*Nota.* Le théorème précédent subsiste, en vertu des principes établis dans la 15.$^e$ leçon, toutes les fois que les fonctions $F(\alpha)$, $F'(\alpha)$, .. $F^{(n)}(\alpha)$ sont continues par rapport à $\alpha$, dans le voisinage de la valeur particulière $\alpha = o$, ou, ce qui revient au même, toutes les fois que $u$, $du$, $d^2 u$ .. $d^n u$ sont continues, par rapport aux variables $x, y, z$ ... dans le voisinage des valeurs particulières attribuées à ces mêmes variables.

*Corollaire 1.$^{er}$* Concevons que, pour appliquer le théorème, on forme d'abord la valeur de l'expression

(5) $$d^2 u = \frac{d^2 u}{dx^2} h^2 + \frac{d^2 u}{dy^2} k^2 + \ldots + 2 \frac{d^2 u}{dx\,dy} hk + \ldots,$$

en substituant les valeurs de $x, y, z \ldots$ tirées des formules (3) dans les fonctions dérivées $\frac{d^2 u}{dx^2}$, $\frac{d^2 u}{dy^2}$, ... $\frac{d^2 u}{dx\,dy}$, ... On trouvera zéro pour résultat, si toutes ces dérivées s'évanouissent. Dans l'hypothèse contraire, $d^2 u$ sera une fonction homogène des quantités arbitraires $h, k, l \ldots$; et, si l'on fait alors varier ces quantités, il arrivera de trois choses l'une. Ou la différentielle $d^2 u$ conservera constamment le même signe, sans jamais s'évanouir; ou elle s'évanouira pour certaines valeurs de $h, k, l \ldots$, et reprendra le même signe, toutes les fois qu'elle cessera d'être nulle: ou elle sera tantôt positive, et tantôt négative. La valeur proposée de $u$ sera toujours un *maximum* ou un *minimum* dans le premier cas; quelquefois dans le second, jamais dans le troisième. Ajoutons que l'on obtiendra dans le second cas, un *maximum* ou un *minimum*, si, pour chacun des systèmes de valeurs de $h, k, l \ldots$ propres à vérifier l'équation $d^2 u = 0$, la première des différentielles $d^3 u$, $d^4 u$ ... qui ne s'évanouit pas, est toujours d'ordre pair et affectée du même signe que celles des valeurs de $d^2 u$ qui diffèrent de zéro.

*Corollaire 2.e* Si la substitution des valeurs attribuées à $x, y, z \ldots$ réduisait à zéro toutes les dérivées du second ordre, alors, $d^2 u$ étant identiquement nulle, il ne pourrait y avoir ni *maximum*, ni *minimum*, à moins que la même substitution ne fît encore évanouir $d^3 u$, en réduisant à zéro toutes les dérivées du troisième ordre.

*Corollaire 3.e* Si la substitution des valeurs attribuées à $x, y, z \ldots$ faisait évanouir toutes les dérivées du second ordre et du troisième, on aurait identiquement $d^2 u = 0$, $d^3 u = 0$, et il faudrait recourir à la première des différentielles $d^4 u$, $d^5 u$ ... qui ne serait pas identiquement nulle. Si cette différentielle était d'ordre impair, il n'y aurait ni *maximum* ni *minimum*. Si elle était d'ordre pair ou de la forme

(6) $$d^{2m} u = \frac{d^{2m} u}{dx^{2m}} h^{2m} + \frac{d^{2m} u}{dy^{2m}} k^{2m} + \ldots + \frac{2m}{1} \frac{d^{2m} u}{dx^{2m-1}\,dy} h^{2m-1} k + \ldots,$$

il pourrait arriver de trois choses l'une. Ou la différentielle dont il s'agit conserverait constamment le même signe, pendant que l'on ferait varier $h, k, l \ldots$, sans jamais s'évanouir; ou bien elle s'évanouirait pour certaines valeurs de $h, k, l \ldots$, et reprendrait le même signe, toutes les fois qu'elle cesserait d'être nulle; ou elle serait tantôt positive, tantôt négative. La valeur proposée de $u$ serait toujours un *maximum* ou un *minimum* dans le premier cas, quelquefois dans le second, jamais dans le troisième. De plus, afin de décider, dans le second cas, s'il y a *maximum* ou *minimum*, il faudrait, pour chaque système de valeurs de $h, k, l, \ldots$ propres à vérifier l'équation $d^{2m} u = 0$, chercher parmi les différentielles d'un ordre supérieur à $2m$, celle qui la première cesse de s'évanouir, et voir si cette différentielle est toujours d'ordre pair et affectée du même signe que les valeurs de $d^{2m} u$ qui diffèrent de zéro.

Il est essentiel d'observer que la valeur de $d^{2m} u$, donnée par la formule (6), étant une fonction entière, et par conséquent continue des quantités $h, k, l \ldots$, ne saurait passer du positif au négatif, tandis que ces quantités varient, sans devenir nulle dans l'intervalle. Remarquons en outre, que, si la quantité $u$ était une fonction implicite des variables $x, y, z \ldots$, ou si quelques-unes de ces variables devenaient fonctions implicites de toutes les autres, chacune des quantités $du, d^2u, d^3u \ldots$ se trouverait déterminée par le moyen d'une ou de plusieurs équations différentielles, en fonction des différentielles des variables indépendantes.

*Exemple.* Supposons que, $a, b, c \ldots k, p, q, r \ldots$ désignant des constantes positives, et $x, y, z \ldots$ des variables assujetties à l'équation

$$ax + by + cz + \ldots = k,$$

on cherche le *maximum* de la fonction $u = x^p y^q z^r \ldots$; on trouvera

$$\frac{du}{u} = p\frac{dx}{x} + q\frac{dy}{y} + r\frac{dz}{z} + \ldots, \quad \frac{d^2u}{u} - \left(\frac{du}{u}\right)^2 = -p\left(\frac{dx}{x}\right)^2 - q\left(\frac{dy}{y}\right)^2 - r\left(\frac{dz}{z}\right)^2 - \ldots,$$

et par suite on tirera de la formule (10) [11.e leçon]

$$\frac{p}{ax} = \frac{q}{by} = \frac{r}{cz} = \ldots = \frac{p+q+r\ldots}{k}, \quad x = \frac{p}{a}\cdot\frac{k}{p+q+r\ldots}, \quad y = \frac{q}{b}\cdot\frac{k}{p+q+r\ldots}, \quad z = \&c.$$

Comme les valeurs précédentes de $x, y, z \ldots$ rendront $du$ constamment nulle et $d^2u$ constamment négative, elles fourniront un *maximum* de la fonction $u$.

# DIX-SEPTIÈME LEÇON.

*Des Conditions qui doivent être remplies pour qu'une Différentielle totale ne change pas de signe, tandis que l'on change les valeurs attribuées aux Différentielles des variables indépendantes.*

D'APRÈS ce qu'on a vu dans les leçons précédentes, si l'on désigne par $u$ une fonction des variables indépendantes $x, y, z\ldots$, et si l'on fait abstraction des valeurs de ces variables qui rendent discontinue l'une des fonctions $u$, $du$, $d^2u$, &c., la fonction $u$ ne pourra devenir un *maximum* ou un *minimum* que dans le cas où l'une des différentielles totales $d^2u$, $d^4u$, $d^6u\ldots$, savoir, la première de celles qui ne seront pas constamment nulles, conservera le même signe pour toutes les valeurs possibles des quantités arbitraires $dx=h$, $dy=k$, $dz=l\ldots$, ou du moins pour les valeurs de ces quantités qui ne la réduiront pas à zéro. Ajoutons que, dans la dernière supposition, chacun des systèmes de valeurs de $h, k, l\ldots$ propres à faire évanouir la différentielle totale dont il s'agit, devra changer une autre différentielle totale d'ordre pair en une quantité affectée du signe que conserve la première différentielle, tant qu'elle ne s'évanouit pas. D'ailleurs, les différentielles $d^2u$, $d^4u$, $d^6u\ldots$ se réduisent, pour des valeurs données de $x, y, z\ldots$, à des fonctions entières et homogènes des quantités arbitraires $h, k, l\ldots$ De plus, si l'on appelle $r, s, t\ldots$ les rapports de la première, de la seconde, de la troisième de ces quantités ... à la dernière d'entre elles, la différentielle

$$(1)\qquad d^{2m}u=\frac{d^{2m}u}{dx^{2m}}h^{2m}+\frac{d^{2m}u}{dy^{2m}}k^{2m}+\frac{d^{2m}u}{dz^{2m}}l^{2m}+\ldots+\frac{2m}{1}\frac{d^{2m}u}{dx^{2m-1}dy}h^{2m-1}k+\ldots$$

sera évidemment affectée du même signe que la fonction entière de $r$, $s$, $t\ldots$ à laquelle on parvient en divisant $d^{2m}u$ par la puissance $2m$ de la dernière des quantités $h, k, l\ldots$, c'est-à-dire, du même signe que le polynome

$$(2)\qquad \frac{d^{2m}u}{dx^{2m}}r^{2m}+\frac{d^{2m}u}{dy^{2m}}s^{2m}+\frac{d^{2m}u}{dz^{2m}}t^{2m}+\ldots+\frac{2m}{1}\frac{d^{2m}u}{dx^{2m-1}dy}r^{2m-1}s+\ldots$$

En substituant un polynome de cette espèce à chaque différentielle d'ordre pair, on reconnaîtra que la recherche des *maxima* et *minima* exige la solution des questions suivantes.

1.^er^ Problème. *Trouver les conditions qui doivent être remplies, pour qu'une fonction entière des quantités $r$, $s$, $t$... ne change pas de signe, tandis que ces quantités varient.*

*Solution.* Soit $F(r, s, t \ldots)$ la fonction donnée, et supposons d'abord les quantités $r, s, t \ldots$ réduites à une seule $r$. Pour que la fonction $F(r)$ ne change jamais de signe, il sera nécessaire et il suffira que l'équation

$$(3) \qquad F(r) = 0$$

n'ait pas de racines réelles simples, ni de racines réelles égales en nombre impair. En effet, si, $r_0$ désignant une racine réelle de l'équation (3), $m$ un nombre entier, et $R$ un polynome non divisible par $r - r_0$, on avait

$$F(r) = (r - r_0) R \quad \text{ou} \quad F(r) = (r - r_0)^{2m+1} R,$$

il est clair que, pour deux valeurs de $r$ très-peu différentes de $r_0$, mais l'une plus grande, et l'autre plus petite, la fonction $F(r)$ obtiendrait deux valeurs de signes contraires. De plus, comme une fonction continue de $r$ ne saurait changer de signe, tandis que $r$ varie entre deux limites données, sans devenir nulle dans l'intervalle, il est permis d'affirmer que, si l'équation (3) n'a pas de racines réelles, son premier membre conservera toujours le même signe, sans jamais s'évanouir, et qu'il s'évanouira quelquefois sans jamais changer de signe, s'il est le produit de plusieurs facteurs de la forme $(r - r_0)^{2m}$ par un polynome qui ne puisse se réduire à zéro, pour aucune valeur réelle de $r$.

Revenons maintenant au cas où les quantités $r, s, t \ldots$ sont en nombre quelconque. Alors, pour que la fonction $F(r, s, t \ldots)$ ne puisse changer de signe, il sera nécessaire et il suffira que l'équation

$$(4) \qquad F(r, s, t \ldots) = 0,$$

résolue par rapport à $r$, ne fournisse jamais de racines réelles simples, ni de racines réelles égales en nombre impair, quelles que soient d'ailleurs $s, t \ldots$

*Corollaire 1.^er^* La fonction $F(r)$ ou $F(r, s, t \ldots)$ conserve constamment le même signe, lorsque l'équation (3) ou (4) n'a pas de racines réelles. [*Voyez*, pour la détermination du nombre des racines réelles dans les équations algébriques, le 17.e cahier du *Journal de l'École polytechnique*, p. 457].

*Corollaire 2.e* Soit $u = f(x, y)$. La différentielle totale

$$(5) \qquad d^2u = \frac{d^2u}{dx^2}h^2 + \frac{d^2u}{dy^2}k^2 + 2\frac{d^2u}{dx\,dy}hk$$

conservera constamment le même signe, si l'équation

$$(6) \qquad \frac{d^2u}{dx^2}r^2 + 2\frac{d^2u}{dx\,dy}r + \frac{d^2u}{dy^2} = 0$$

n'a pas de racines réelles, c'est-à-dire, si l'on a

$$(7) \qquad \frac{d^2u}{dx^2}\cdot\frac{d^2u}{dy^2} - \left(\frac{d^2u}{dx\,dy}\right)^2 > 0.$$

La même différentielle pourrait s'évanouir sans jamais changer de signe, si le premier membre de la formule (7) se réduisait à zéro; et admettrait des valeurs de signes opposés, si ce premier membre devenait négatif.

*Corollaire 3.e* Soit $u = f(x, y, z)$. La différentielle totale

$$(8) \qquad d^2u = \frac{d^2u}{dx^2}h^2 + \frac{d^2u}{dy^2}k^2 + \frac{d^2u}{dz^2}l^2 + 2\frac{d^2u}{dx\,dy}hk + 2\frac{d^2u}{dx\,dy}hl + 2\frac{d^2u}{dy\,dz}kl$$

conservera constamment le même signe, si l'équation

$$(9) \qquad \frac{d^2u}{dx^2}r^2 + 2\left(\frac{d^2u}{dx\,dy}s + \frac{d^2u}{dx\,dz}\right)r + \frac{d^2u}{dy^2}s^2 + 2\frac{d^2u}{dy\,dz}s + \frac{d^2u}{dz^2} = 0,$$

résolue par rapport à $r$, n'a jamais de racines réelles, c'est-à-dire, si l'on a, quelle que soit $s$,

$$(10) \qquad \left[\frac{d^2u}{dx^2}\frac{d^2u}{dy^2} - \left(\frac{d^2u}{dx\,dy}\right)^2\right]s^2 + 2\left[\frac{d^2u}{dx^2}\frac{d^2u}{dy\,dz} - \frac{d^2u}{dx\,dy}\frac{d^2u}{dx\,dz}\right]s + \frac{d^2u}{dx^2}\frac{d^2u}{dz^2} - \left(\frac{d^2u}{dx\,dz}\right)^2 > 0.$$

Cette dernière condition sera elle-même satisfaite, quand on aura

$$(11) \qquad \begin{cases} \dfrac{d^2u}{dx^2}\dfrac{d^2u}{dy^2} - \left(\dfrac{d^2u}{dx\,dy}\right)^2 > 0, \quad \text{et} \\ \left[\dfrac{d^2u}{dx^2}\dfrac{d^2u}{dy^2} - \left(\dfrac{d^2u}{dx\,dy}\right)^2\right]\left[\dfrac{d^2u}{dx^2}\dfrac{d^2u}{dz^2} - \left(\dfrac{d^2u}{dx\,dz}\right)^2\right] - \left[\dfrac{d^2u}{dx^2}\dfrac{d^2u}{dy\,dz} - \dfrac{d^2u}{dx\,dy}\dfrac{d^2u}{dx\,dz}\right]^2 > 0. \end{cases}$$

*Scholie.* Soit $u = f(x, y, z \ldots)$ une fonction de $n$ variables indépendantes $x, y, z \ldots$, et posons

$$(12) \qquad F(r, s, t \ldots) = \frac{d^2u}{dx^2}r^2 + \frac{d^2u}{dy^2}s^2 + \frac{d^2u}{dz^2}t^2 + \ldots + 2\frac{d^2u}{dx\,dy}rs + 2\frac{d^2u}{dx\,dz}rt + 2\frac{d^2u}{dy\,dz}st + \ldots;$$

La différentielle $d^2u$ et la fonction $F(r, s, t \ldots)$ seront toujours affectées du même signe que la quantité $\frac{d^2u}{dx^2}$, si le produit $\frac{d^2u}{dx^2}F(r, s, t \ldots)$ est toujours positif. Or, c'est évidemment ce qui aura lieu, si chacun des produits

(13) $\frac{d^2 u}{dx^2} F(r, o, o, o..)$, $\frac{d^2 u}{dx^2} F(r, s, o, o..)$, $\frac{d^2 u}{dx^2} F(r, s, t, o..)$, &c.

obtient pour valeur *minimum* une quantité positive. D'ailleurs, si l'on fait

$$D_1 = \frac{d^2 u}{dx^2}, \quad D_2 = \frac{d^2 u}{dx^2} \frac{d^2 u}{dy^2} - \left(\frac{d^2 u}{dx\, dy}\right)^2, \text{ \&c....}$$

et si généralement on désigne par $D_n$ le dénominateur commun des valeurs de $h$, $k$, $l$ ... tirées des équations [voyez l'*Analyse algébrique*, p. 80]

$$(14) \quad \begin{cases} \frac{d^2 u}{dx^2} h + \frac{d^2 u}{dx\, dy} k + \frac{d^2 u}{dx\, dz} l + \ldots = 1, \\ \frac{d^2 u}{dx\, dy} h + \frac{d^2 u}{dy^2} k + \frac{d^2 u}{dx\, dz} l + \ldots = 1, \\ \frac{d^2 u}{dx\, dz} h + \frac{d^2 u}{dy\, dz} k + \frac{d^2 u}{dz^2} l + \ldots = 1, \\ \text{\&c....} \end{cases}$$

on prouvera sans peine que les valeurs *maxima* ou *minima* des fonctions $F(r, o, o, o ..)$, $F(r, s, o, o ..)$, $F(r, s, t, o..)$, &c., sont respectivement

$$(15) \quad \frac{D_2}{D_1}, \quad \frac{D_3}{D_2}, \quad \frac{D_4}{D_3}, \quad \text{\&c....} \quad \frac{D_n}{D_{n-1}}.$$

Donc la différentielle $d^2 u$ conservera constamment le même signe, si les fractions (15), multipliées par $D_1$, donnent des produits positifs, ou, ce qui revient au même, si $D_2, D_3, D_4 \ldots D_n$ sont affectées des mêmes signes que $D_1^2, D_1^3, D_1^4 \ldots D_1^n$.

Lorsqu'on suppose simplement $u$ fonction de trois variables $x, y, z$, les conditions qu'on vient d'énoncer se réduisent aux deux suivantes $D_2 > 0$, $D_1 D_3 > 0$, et coïncident avec celles que fournissent les formules (11).

2.^e Problème. *Étant données deux fonctions entières des variables r, s, t.., trouver les conditions qui doivent être remplies, pour que la seconde fonction conserve un signe déterminé, toutes les fois que la première s'évanouit.*

*Solution.* Soit $F(r, s, t..)$ la première fonction et $R = \mathcal{F}(r, s, t..)$ la seconde. On éliminera $r$ entre les deux équations $F(r, s, t...) = 0$ et $R = \mathcal{F}(r, s, t...)$. L'équation résultante, étant résolue par rapport à $R$, devra fournir pour cette quantité une valeur affectée du signe convenu, toutes les fois que l'on attribuera aux variables $s$, $t$... des valeurs réelles auxquelles correspondra une valeur réelle de la variable $r$.

## DIX-HUITIÈME LEÇON.

*Différentielles d'une Fonction quelconque de plusieurs Variables dont chacune est à son tour une Fonction linéaire d'autres Variables supposées indépendantes. Décomposition des Fonctions entières en Facteurs réels du premier ou du second degré.*

---

SOIENT $a$, $b$, $c \ldots k$ des quantités constantes, et

(1) $$u = ax + by + cz + \ldots + k$$

une fonction linéaire des variables indépendantes $x, y, z \ldots$ La différentielle

(2) $$du = a\,dx + b\,dy + c\,dz + \ldots$$

sera elle-même une quantité constante, et par suite les différentielles $d^2u$, $d^3u$, ... se réduiront toutes à zéro. On conclut immédiatement de cette remarque que les différentielles successives des fonctions $f(u)$, $f(u, v)$, $f(u, v, w \ldots)$, &c. conservent la même forme, dans le cas où les variables $u, v, w \ldots$ sont considérées comme indépendantes, et dans le cas où $u, v, w \ldots$ sont des fonctions linéaires des variables indépendantes $x, y, z \ldots$ Ainsi on trouvera, dans les deux cas, pour $s = f(u)$,

(3) $$ds = f'(u)\,du,\ d^2s = f''(u)\,du^2,\ d^3s = f'''(u)\,du^3, \ldots d^ns = f^{(n)}(u)\,du^n;$$

pour $s = f(u, v)$,

(4) $$d^ns = \frac{d^nf(u,v)}{du^n}du^n + \frac{n}{1}\cdot\frac{d^nf(u,v)}{du^{n-1}dv}du^{n-1}dv + \ldots + \frac{n}{1}\cdot\frac{d^nf(u,v)}{du\,dv^{n-1}}du\,dv^{n-1} + \frac{d^nf(u,v)}{dv^n}dv^n;$$

pour $s = f(u).f(v)$,

(5) $$d^ns =$$
$$f^{(n)}(u)f(v)du^n + \frac{n}{1}f^{(n-1)}(u)f'(v)du^{n-1}dv + \ldots + \frac{n}{1}f'(u)f^{(n-1)}(v)du\,dv^{n-1} + f(u)f^{(n)}(v)dv^n,$$

&c... Il est facile de s'assurer que, si l'on représente par $f(u)$, $f(v)$, $f(u, v)$... des fonctions entières des variables $u, v, w \ldots$, les formules (3), (4), (5)... subsisteront, lors même que, $u, v, w \ldots$ étant fonctions linéaires de $x, y, z \ldots$, les constantes $a$, $b$, $c \ldots k$, &c. comprises dans $u, v, w \ldots$ deviendront imaginaires. On aura, par exemple, pour $s = f(x + y\sqrt{-1})$,

(6) $$ds = f'(x+y\sqrt{-1}).(dx+\sqrt{-1}\,dy), \ldots d^ns = f^{(n)}(x+y\sqrt{-1}).(dx+\sqrt{-1}\,dy)^n;$$

pour $s = f(x - y\sqrt{-1})$,

(7) $ds = f'(x-y\sqrt{-1})(dx-\sqrt{-1}\,dy), \ldots d^n s = f^{(n)}(x-y\sqrt{-1})(dx-\sqrt{-1}\,dy)^n$;

pour $s = f(x+y\sqrt{-1}).f(x-y\sqrt{-1})$,

(8) $$d^n s = f^{(n)}(x+y\sqrt{-1}).f(x-y\sqrt{-1}).(dx+\sqrt{-1}\,dy)^n$$
$$+\frac{n}{1}f^{(n-1)}(x+y\sqrt{-1}).f'(x-y\sqrt{-1}).(dx+\sqrt{-1}\,dy)^{n-1}(dx-\sqrt{-1}\,dy)+\ldots$$
$$+\frac{n}{1}f'(x+y\sqrt{-1}).f^{(n-1)}(x-y\sqrt{-1}).(dx+\sqrt{-1}\,dy)(dx-\sqrt{-1}\,dy)^{n-1}$$
$$+f(x+y\sqrt{-1}).f^{(n)}(x-y\sqrt{-1}).(dx-\sqrt{-1}\,dy)^n.$$

De cette dernière formule, on déduira sans peine la proposition suivante.

1.er Théorème. *Soit $f(x)$ une fonction réelle et entière de $x$. Si l'on pose*

(9) $$s = f(x+y\sqrt{-1}).f(x-y\sqrt{-1}),$$

*on pourra toujours satisfaire par des valeurs réelles des variables $x$ et $y$ à l'équation*

(10) $$s = 0.$$

*Démonstration.* Soit $n$ le degré de la fonction $f(x)$, en sorte qu'on ait

(11) $$f(x) = a_0 x^n + a_1 x^{n-1} + \ldots + a_{n-1} x + a_n,$$

$a_0, a_1, \ldots a_{n-1}, a_n$ désignant des constantes, dont la première $a_0$ ne pourra s'évanouir. Concevons de plus que, les variables $x$, $y$ étant supposées réelles, on représente par $r$, $\rho$, $R$, $R_1$, $R_2$, &c... les modules des expressions imaginaires

$x+y\sqrt{-1}$, $dx+dy\sqrt{-1}$, $f(x+y\sqrt{-1})$, $f'(x+y\sqrt{-1})$, $f''(x+y\sqrt{-1})$, &c...

et faisons, en conséquence,

(12) $x+y\sqrt{-1} = r(\cos t+\sqrt{-1}\sin t)$, $dx+dy\sqrt{-1} = \rho(\cos\tau+\sqrt{-1}\sin\tau)$;

(13) $$\left\{\begin{array}{l} f(x+y\sqrt{-1}) = R(\cos T+\sqrt{-1}\sin T),\ f'(x+y\sqrt{-1}) = R_1(\cos T_1+\sqrt{-1}\sin T_1), \\ f''(x+y\sqrt{-1}) = R_2(\cos T_2+\sqrt{-1}\sin T_2) \ldots f^{(n)}(x+y\sqrt{-1}) = R_n(\cos T_n+\sqrt{-1}\sin T_n). \end{array}\right.$$

$r$, $\rho$, $R$, $R_1$, $R_2$ ... $R_n$ seront des quantités positives ; $t$, $\tau$, $T$, $T_1$, $T_2$ ... $T_n$, des arcs réels ; et l'on aura

(14) $$r = \sqrt{x^2+y^2},$$

(15) $$s = R^2 = [a_0 r^n \cos nt + a_1 r^{n-1}\cos(n-1)t + \ldots + a_{n-1} r\cos t + a_n]^2$$
$$+[a_0 r^n \sin nt + a_1 r^{n-1}\sin(n-1)t + \ldots + a_{n-1} r\sin t]^2$$
$$= r^{2n}\left[a_0^2 + \frac{2a_0a_1\cos t}{r} + \frac{a_1^2+2a_0a_2\cos 2t}{r^2} + \ldots\right].$$

Il résulte de ces dernières formules que la quantité $s$, qui représente une fonction entière et par conséquent une fonction continue des variables $x$, $y$, restera toujours positive et croîtra indéfiniment, si l'on attribue à ces deux variables, ou seulement à l'une d'entre elles, et par suite au module $r$, des valeurs numériques de plus en plus grandes. On doit en conclure que la fonction $s$ admettra un ou plusieurs *minima* correspondans à un ou à plusieurs systèmes de valeurs finies des variables $x$ et $y$. Considérons un de ces systèmes en particulier, et calculons les valeurs correspondantes des expressions

$$(16)\qquad f'(x+y\sqrt{-1}),\ f''(x+y\sqrt{-1}),\ \ldots\ f^{(n)}(x+y\sqrt{-1}).$$

Quelques-unes de ces valeurs pourront s'évanouir; mais jamais elles ne seront nulles toutes à-la-fois, puisque l'expression $f^{(n)}(x+y\sqrt{-1})$, se réduisant, avec $f^{(n)}(x)$, au produit $1.2.3\ldots n.a_n$, a une valeur constante et différente de zéro. Cela posé, soit $f^{(m)}(x+y\sqrt{-1})$ la première des expressions (16) dont la valeur ne s'évanouira pas. Si l'expression $f(x+y\sqrt{-1})$ obtient elle-même une valeur différente de zéro, $d^m s$ sera, en vertu de la formule (8), la première des différentielles de $s$ qui cesseront de s'évanouir. Au contraire, si l'on a

$$(17)\qquad f(x+y\sqrt{-1}) = 0,$$

la différentielle $d^m s$ deviendra nulle elle-même. Or, je dis que ce dernier cas est seul admissible. Car, dans le premier, on tirerait de la formule (8)

$$(18)\qquad d^m s =$$
$$f^{(m)}(x+y\sqrt{-1})f(x-y\sqrt{-1})(dx+\sqrt{-1}\,dy)^m + f(x+y\sqrt{-1})f^{(m)}(x-y\sqrt{-1})(dx-\sqrt{-1}\,dy)^m$$
$$= 2RR_m\rho^m\cos(T_m - T + m\tau);$$

et par suite, la différentielle $d^m s$, changeant de signe lorsqu'on remplacerait $\tau$ par $\tau + \frac{\pi}{m}$, ne resterait pas toujours positive, quelles que fussent les quantités $dx$ et $dy$, comme cela doit nécessairement arriver, chaque fois que la fonction $s$ devient un *minimum*. Donc tous les systèmes de valeurs de $x$ et de $y$ propres à fournir des *minima* de la fonction $s$ vérifieront l'équation (17), qu'on peut aussi mettre sous la forme $R(\cos T + \sqrt{-1}\sin T) = 0$, et de laquelle on tire $R = 0$, $s = R^2 = 0$. Donc la fonction $s$ deviendra nulle, pour des valeurs réelles et finies des variables $x$ et $y$, toutes les fois qu'elle atteindra un des *minima* dont nous avons ci-dessus démontré l'existence.

*Corollaire.* La fonction réelle $s = R^2$ ne pouvant s'évanouir qu'avec le module $R$, les fonctions imaginaires $f(x+y\sqrt{-1}) = R(\cos T+\sqrt{-1}\sin T)$,

$f(x-y\sqrt{-1})=R(\cos T-\sqrt{-1}\sin T)$ s'évanouiront toujours en même temps qu'elle. Par conséquent, toutes les valeurs réelles de $x$ et de $y$, propres à vérifier l'équation (10), vérifieront aussi l'équation (17) et la suivante

(19) $$f(x-y\sqrt{-1})=0.$$

A ces valeurs de $x$ et de $y$ correspondront des valeurs réelles de $r$ et de $t$ propres à vérifier les deux équations

(20) $$f(r\cos t+r\sin t\sqrt{-1})=0,\ f(r\cos t-r\sin t\sqrt{-1})=0.$$

Dans le cas particulier où la valeur de $y$ s'évanouit, les formules (17), (19) et (20) coïncident avec l'équation unique

(21) $$f(x)=0,$$

qui se trouve alors satisfaite par une valeur réelle de $x$. De ces remarques on déduit immédiatement la proposition que je vais énoncer.

2.$^e$ Théorème. *$f(x)$ désignant une fonction réelle et entière de la variable $x$, on peut toujours satisfaire à l'équation* (21), *ou par des valeurs réelles de cette variable, ou par des valeurs imaginaires conjuguées deux à deux et de la forme*

(22) $$x=r(\cos t+\sqrt{-1}\sin t),\ x=r(\cos t-\sqrt{-1}\sin t).$$

*Scholie.* Si l'on appelle $x_0$ une racine réelle ou imaginaire de l'équation (20), le polynome $f(x)$ sera divisible par le facteur linéaire $x-x_0$. Donc, à deux racines imaginaires conjuguées et de la forme

$$r(\cos t+\sqrt{-1}\sin t),\ r(\cos t-\sqrt{-1}\sin t),$$

correspondront les deux facteurs linéaires $x-r\cos t-r\sin t\sqrt{-1}$, $x-r\cos t+r\sin t\sqrt{-1}$, lesquels seront encore conjugués l'un à l'autre, et donneront pour produit un facteur réel du second degré; savoir: $(x-r\cos t)^2+r^2\sin^2 t=x^2-2rx\cos t+r^2$. Cela posé, il résulte du 2.$^e$ théorème que toute fonction réelle et entière de la variable $x$ est divisible par un facteur réel du premier ou du second degré. La division étant effectuée, on obtiendra pour quotient une autre fonction réelle et entière, qui sera elle-même divisible par un nouveau facteur. En continuant de la sorte, on finira par décomposer la fonction donnée, que j'appellerai $f(x)$, en facteurs réels du premier ou du second degré. En égalant ces facteurs à zéro, on déterminera les racines réelles ou imaginaires de l'équation (21), lesquelles seront en nombre égal au degré de la fonction. [*Voyez l'Analyse algébrique*, chap. X.]

## DIX-NEUVIÈME LEÇON.

### *Usage des Dérivées et des Différentielles des divers ordres dans le Développement des fonctions entières.*

Il est facile de développer une fonction entière de $x$ en un polynome ordonné suivant les puissances ascendantes de cette variable, quand on connaît les valeurs particulières de la fonction et de ses dérivées successives, pour $x=0$. En effet, désignons par $F(x)$ la fonction donnée, par $n$ le degré de cette fonction, et par $a_0, a_1, a_2 \ldots a_n$ les coefficiens inconnus des diverses puissances de $x$ dans le développement cherché, en sorte qu'on ait

(1) $$F(x)=a_0+a_1 x+a_2 x^2+\ldots+a_n x^n.$$

En différenciant $n$ fois de suite l'équation (1), on trouvera

(2) $$\left\{\begin{array}{l} F'(x)=1.a_1+2\,a_2\,x+\ldots+n\,a_n\,x^{n-1}, \\ F''(x)=1.2.a_2+\ldots+(n-1)\,n\,a_n\,x^{n-2}, \\ \&c\ldots \\ F^{(n)}(x)=1.2.3\ldots n\,a_n. \end{array}\right.$$

Si l'on pose, dans ces diverses formules, $x=0$, on en tirera

(3) $$a_0=F(0),\ a_1=\frac{1}{1}F'(0),\ a_2=\frac{1}{1.2}F''(0)\ldots a_n=\frac{1}{1.2.3\ldots n}F^{(n)}(0),$$

et l'équation (1) donnera

(4) $$F(x)=F(0)+\frac{x}{1}F'(0)+\frac{x^2}{1.2}F''(0)+\ldots+\frac{x^n}{1.2.3\ldots n}F^{(n)}(0).$$

*Exemple.* Soit $F(x)=(1+x)^n$; on obtiendra la formule connue

(5) $$(1+x)^n=1+\frac{n}{1}x+\frac{n(n-1)}{1.2}x^2+\frac{n(n-1)(n-2)}{1.2.3}x^3+\ldots+\frac{n}{1}x^{n-1}+x^n.$$

Soit maintenant $u=f(x,y,z\ldots)$ une fonction entière des variables $x, y, z \ldots$, et $n$ le *degré* de cette fonction, c'est-à-dire, la plus grande somme qu'on puisse obtenir en ajoutant les exposans des diverses variables pris dans un même terme. Si l'on pose

$$F(\alpha)=f(x+\alpha\,dx,\ y+\alpha\,dy,\ z+\alpha\,dz\ldots),$$

$F(\alpha)$ sera une fonction entière de $\alpha$, du degré $n$, et l'on aura en conséquence

$$F(\alpha)=F(0)+\frac{\alpha}{1}F'(0)+\frac{\alpha^2}{1.2}F''(0)+\frac{\alpha^3}{1.2.3}F'''(0)+\ldots+\frac{\alpha^n}{1.2.3\ldots n}F^{(n)}(0).$$

Cette dernière formule, en vertu des principes établis dans la 14.e leçon, peut s'écrire comme il suit :

$$(6)\ f(x+\alpha dx,y+\alpha dy,z+\alpha dz\ldots)=u+\frac{\alpha}{1}du+\frac{\alpha^2}{1.2}d^2u+\frac{\alpha^3}{1.2.3}d^3u+\ldots+\frac{\alpha^n}{1.2.3\ldots n}d^nu.$$

Ajoutons qu'elle subsistera pour des valeurs quelconques de $\alpha$, soit finies, soit infiniment petites. Si, pour plus de simplicité, on prend $\alpha=1$, on trouvera

$$(7)\ f(x+dx,y+dy,z+dz\ldots)=u+\frac{1}{2}du+\frac{1}{1.2}d^2u+\frac{1}{1.2.3}d^3u+\ldots+\frac{1}{1.2.3\ldots n}d^nu$$

Dans le cas particulier où les variables $x$, $y$, $z$ ... se réduisent à une seule, on a

$$u=f(x),\ du=f'(x)\,dx,\ d^2u=f''(x)\,dx^2\ldots d^nu=f^{(n)}(x)\,dx^n,$$

et l'on tire de la formule (7), en remplaçant $dx$ par $h$,

$$(8)\quad f(x+h)=f(x)+\frac{h}{1}f'(x)+\frac{h^2}{1.2}f''(x)+\frac{h^3}{1.2.3}f'''(x)+\ldots+\frac{h^n}{1.2.3\ldots n}f^{(n)}(x).$$

Au reste, on aurait pu déduire directement cette dernière équation de la formule (4).

*Exemple.* Si l'on suppose $f(x)=x^n$, on trouvera

$$(9)\quad (x+h)^n=x^n+\frac{n}{1}x^{n-1}h+\frac{n(n-1)}{1.2}x^{n-2}h^2+\ldots+\frac{n(n-1)}{1.2}x^2h^{n-2}+\frac{n}{1}xh^{n-1}+h^n.$$

*Nota.* Si $f(x)$ est divisible par $(x-a)^m$, ou en d'autres termes, si l'on a

$$(10)\qquad f(x)=(x-a)^m\varphi(x),$$

$\varphi(x)$ désignant une fonction entière de la variable $x$, le développement de $f(a+h)$, suivant les puissances ascendantes de $h$, deviendra évidemment divisible par $h^m$. D'ailleurs ce développement sera, en vertu de ce qui précède, $f(a)+\frac{h}{1}f'(a)+\frac{h^2}{1.2}f''(a)+\ldots+\frac{h^m}{1.2.3\ldots m}f^{(m)}(a)+$ &c...

Donc, l'équation (10) étant posée, on en conclura non-seulement $f(a)=0$, mais encore $f'(a)=0$, $f''(a)=0$, ... $f^{(m-1)}(a)=0$. On arriverait au même résultat en différenciant plusieurs fois de suite l'équation (10), de laquelle on tirerait successivement, à l'aide de la formule (15) [14.ᵉ leçon],

$$(11)\quad\begin{cases} f'(x)=(x-a)^m\,\varphi'(x)+m(x-a)^{m-1}\,\varphi(x),\\ f''(x)=(x-a)^m\,\varphi''(x)+2m(x-a)^{m-1}\,\varphi'(x)+m(m-1)(x-a)^{m-2}\,\varphi(x),\\ \&c\ldots\\ f^{(m-1)}(x)=(x-a)^m\,\varphi^{(m-1)}(x)+\ldots+m(m-1)\ldots3.2.(x-a)\,\varphi(x). \end{cases}$$

Ainsi, $f(x)$ étant une fonction entière de $x$, on peut affirmer que, si l'équation

$$(12)\qquad f(x)=0$$

admet $m$ racines égales représentées par $a$, chacune des équations dérivées

$$(13)\qquad f'(x)=0,\ f''(x)=0,\ f'''(x)=0,\ \&c\ldots f^{(m-1)}(x)=0$$

se trouvera vérifiée par la supposition $x=a$. On doit même remarquer que, $f(x)$ étant divisible par $(x-a)^m$, $f'(x)$ sera divisible par $(x-a)^{m-1}$, $f''(x)$ par $(x-a)^{m-2}$, &c.... et $f^{(m-1)}(x)$ par $x-a$ seulement. Quant à la fonction $f^{(m)}(x)$, comme elle sera déterminée par l'équation

$$(14)\quad f^{(m)}(x)=(x-a)^m\,\varphi^{(m)}(x)+\frac{m}{1}\,m(x-a)^{m-1}\,\varphi^{(m-1)}(x)+\&c\ldots$$
$$+\frac{m}{1}\,m(m-1)\ldots3.2.(x-a)\,\varphi'(x)+m(m-1)\ldots3.2.1.\,\varphi(x),$$

elle se réduira, pour $x=a$, à

$$(15)\qquad f^{(m)}(a)=1.\,2.\,3\ldots(m-1)\,m.\,\varphi(a).$$

Toutes ces remarques subsisteraient dans le cas même où, la valeur de $f(x)$ étant donnée par l'équation (10), $\varphi(x)$ cesserait d'être une fonction entière de la variable $x$. On connaît d'ailleurs le parti qu'on peut tirer de ces remarques pour la détermination des racines égales des équations algébriques.

Concevons à présent que $y=F(x)$ et $z=f(x)$ désignent deux fonctions entières de $x$, divisibles l'une et l'autre par $(x-a)^m$. Si le nombre $m$ surpasse l'unité, les valeurs des fractions $\frac{z}{y}$, et $\frac{dz}{dy}=\frac{z'}{y'}$, pour $x=a$, se présenteront en même temps sous une forme indéterminée, et par conséquent on ne pourra plus se servir de la seconde fraction pour calculer la valeur de la première, comme nous l'avons expliqué dans la 6.e leçon. Toutefois, la véritable valeur de la fraction $\frac{z}{y}$ ne cessera pas d'être la limite vers laquelle converge le rapport $\frac{\Delta z}{\Delta y}$, tandis que les différences $\Delta y$, $\Delta z$ convergent vers zéro. D'ailleurs, en attribuant à $x$ l'accroissement infiniment petit $\Delta x = \alpha\, dx$, on tirera de la formule (6)

$$\Delta y = y + \frac{\alpha}{1} dy + \frac{\alpha^2}{1.2} d^2y \ldots + \frac{\alpha^{m-1}}{1.2.3\ldots(m-1)} d^{m-1}y + \frac{\alpha^m}{1.2.3\ldots m} d^m y + \frac{\alpha^{m+1}}{1.2.3\ldots(m+1)} d^{m+1}y + \ldots$$

$$\Delta z = z + \frac{\alpha}{1} dz + \frac{\alpha^2}{1.2} d^2z \ldots + \frac{\alpha^{m-1}}{1.2.3\ldots(m-1)} d^{m-1}z + \frac{\alpha^m}{1.2.3\ldots m} d^m z + \frac{\alpha^{m+1}}{1.2.3\ldots(m+1)} d^{m+1}z + \ldots$$

Si maintenant on assigne à $x$ la valeur particulière $a$, comme cette valeur fera évanouir les fonctions dérivées $y', y'' \ldots y^{(m-1)}$, $z', z'' \ldots z^{(m-1)}$, et par conséquent les différentielles $dy, d^2y, \ldots d^{(m-1)}y$, $dz, d^2z, \ldots d^{(m-1)}z$, on aura simplement

$$\Delta y = \frac{\alpha^m}{1.2.3\ldots m} d^m y + \frac{\alpha^{m+1}}{1.2.3\ldots(m+1)} d^{m+1} y + \ldots = \frac{\alpha^m}{1.2.3\ldots m}\left(d^m y + \frac{\alpha}{m+1} d^{m+1} y + \ldots\right)$$

$$\Delta z = \frac{\alpha^m}{1.2.3\ldots m} d^m z + \frac{\alpha^{m+1}}{1.2.3\ldots(m+1)} d^{m+1} z + \ldots = \frac{\alpha^m}{1.2.3\ldots m}\left(d^m z + \frac{\alpha}{m+1} d^{m+1} z + \ldots\right)$$

On en conclura

$$\frac{\Delta z}{\Delta y} = \frac{d^m z + \frac{\alpha}{m+1} d^{m+1} z + \ldots}{d^m y + \frac{\alpha}{m+1} d^{m+1} y + \ldots};$$

puis, en faisant converger $\alpha$ vers la limite zéro,

$$\lim \frac{\Delta z}{\Delta y} = \frac{d^m z}{d^m y} = \frac{z^{(m)}}{y^{(m)}}.$$

Donc la valeur que recevra la fraction donnée $\frac{z}{y}$ ou $\frac{f(x)}{F(x)}$, pour $x = a$, sera précisément égale à la valeur correspondante de la fraction

$$\frac{d^m z}{d^m y} \quad \text{ou} \quad \frac{f^{(m)}(x)}{F^{(m)}(x)}.$$

*Exemple.* $\varphi(x)$ désignant une fonction entière non divisible par $x-a$, et $F(x)$ une autre fonction entière divisible par $(x-a)^m$, on aura, pour $x=a$,

$$(16)\quad \frac{(x-a)^m \varphi(x)}{F(x)} = \frac{1.2.3\ldots m\,\varphi(x) + 2.3\ldots m\, m(x-a)\varphi'(x) + \&c.}{F^{(m)}(x)} = \frac{1.2.3\ldots m.\varphi(x)}{F^{(m)}(x)}.$$

# VINGTIÈME LEÇON.

## *Décomposition des Fractions rationnelles.*

REPRÉSENTONS par $f(x)$ et $F(x)$ deux fonctions entières de $x$, la première du degré $m$, la seconde du degré $n$. $\frac{f(x)}{F(x)}$ sera ce qu'on appelle une *fraction rationnelle*. De plus, l'équation

(1) $$F(x) = 0$$

admettra $n$ racines réelles ou imaginaires, égales ou inégales ; et si, en les supposant d'abord toutes inégales, on les désigne par $x_0$, $x_1$, $x_2$ ... $x_{n-1}$, on aura nécessairement

(2) $$F(x) = k(x - x_0)(x - x_1)(x - x_2) \ldots (x - x_{n-1}),$$

$k$ étant le coefficient de $x^n$ dans $F(x)$. Cela posé, soient

(3) $$\varphi(x) = k(x - x_1)(x - x_2) \ldots (x - x_{n-1}), \quad \text{et} \quad \frac{f(x_0)}{\varphi(x_0)} = A_0.$$

L'équation (2) prendra la forme

(4) $$F(x) = (x - x_0)\,\varphi(x);$$

et, comme la différence

$$\frac{f(x)}{\varphi(x)} - A_0 = \frac{f(x) - A_0\,\varphi(x)}{\varphi(x)}$$

s'évanouira pour $x = x_0$, il en sera de même du polynome $f(x) - A_0\,\varphi(x)$. Donc ce polynome sera divisible algébriquement par $x - x_0$ ; en sorte qu'on aura $f(x) - A_0\,\varphi(x) = (x - x_0)\,\chi(x)$, ou

(5) $$f(x) = A_0\,\varphi(x) + (x - x_0)\,\chi(x),$$

$\chi(x)$ représentant une nouvelle fonction entière de la variable $x$. Si maintenant on divise par $F(x)$ les deux membres de l'équation (5), en ayant égard à la formule (4), on trouvera

(6) $$\frac{f(x)}{F(x)} = \frac{A_0}{x - x_0} + \frac{\chi(x)}{\varphi(x)} = \frac{A_0}{x - x_0} + \frac{\chi(x)}{k(x - x_1)(x - x_2) \ldots (x - x_{n-1})}.$$

On peut donc extraire de la fraction rationnelle $\frac{f(x)}{F(x)}$ une fraction simple de la forme $\frac{A_0}{x - x_0}$, $A_0$ désignant une constante, de manière à obtenir pour reste une autre fraction rationnelle dont le dénominateur soit ce que devient le polynome $F(x)$ quand on supprime dans ce polynome le facteur linéaire $x-x_0$. Concevons que, par une suite d'opérations semblables, on extraie successivement de $\frac{f(x)}{F(x)}$, puis de $\frac{\chi(x)}{\varphi(x)}$, &c., une suite de fractions simples de la forme

$$\frac{A_0}{x-x_0},\quad \frac{A_1}{x-x_1},\quad \frac{A_2}{x-x_2}, \ldots \frac{A_{n-1}}{x-x_{n-1}},$$

de manière à faire disparaître l'un après l'autre, dans le dénominateur de la fraction restante, tous les facteurs linéaires du polynome $F(x)$. Le dernier de tous les restes sera une fraction rationnelle dont le dénominateur se trouvera réduit à la constante $k$; c'est-à-dire, une fonction entière de la variable $x$. En désignant par $Q$ cette fonction entière, on aura

$$(7)\qquad \frac{f(x)}{F(x)} = Q + \frac{A_0}{x-x_0} + \frac{A_1}{x-x_1} + \frac{A_2}{x-x_2} + \ldots + \frac{A_{n-1}}{x-x_{n-1}}.$$

Comme cette dernière formule entraîne la suivante

$$(8)\qquad f(x) = Q\,F(x) + A_0 \frac{F(x)}{x-x_0} + A_1 \frac{F(x)}{x-x_1} + A_2 \frac{F(x)}{x-x_2} + \ldots + A_{n-1} \frac{F(x)}{x-x_{n-1}},$$

dans laquelle tous les termes qui suivent le produit $Q\,F(x)$ sont des fonctions entières de $x$ d'un degré inférieur à $n$, il est clair que la lettre $Q$ représente le quotient de la division algébrique de $f(x)$ par $F(x)$. De plus, comme tous ces termes, à l'exception du premier, seront, ainsi que le produit $Q\,F(x)$, divisibles par $x-x_0$, on aura évidemment, pour $x=x_0$,

$$(9)\qquad f(x) = A_0 \frac{F(x)}{x-x_0} = A_0 \frac{dF(x)}{dx} = A_0\, F'(x).$$

Donc, pour obtenir la valeur de $A_0$, il suffira de poser $x=x_0$ dans la fraction $\frac{f(x)}{F'(x)}$. En formant de même les valeurs de $A_1$, $A_2$... on trouvera

$$(10)\qquad A_0 = \frac{f(x_0)}{F'(x_0)},\ A_1 = \frac{f(x_1)}{F'(x_1)},\ A_2 = \frac{f(x_2)}{F'(x_2)}, \ldots A_{n-1} = \frac{f(x_{n-1})}{F'(x_{n-1})}.$$

A l'inspection de ces valeurs, on reconnaît qu'elles sont indépendantes du mode de décomposition adopté. Ajoutons que la valeur de $A_0$, déduite de la formule (9), peut être indifféremment présentée sous l'une ou l'autre des deux formes $\frac{f(x_0)}{F'(x_0)}$ et $\frac{f(x_0)}{\varphi(x_0)}$; d'où il résulte que la première des formules (10) s'accorde avec la seconde des équations (3).

Lorsque les deux racines $x_0$, $x_1$ sont imaginaires et conjuguées, ou de la forme $\alpha+\beta\sqrt{-1}$, $\alpha-\beta\sqrt{-1}$, alors, en désignant par $A$ et $B$

deux quantités réelles propres à vérifier l'équation

$$(11) \qquad A - B\sqrt{-1} = \frac{f(\alpha + \beta\sqrt{-1})}{F'(\alpha + \beta\sqrt{-1})},$$

on trouve que les fractions simples correspondantes à ces racines sont respectivement

$$(12) \qquad \frac{A - B\sqrt{-1}}{x - \alpha - \beta\sqrt{-1}}, \quad \frac{A + B\sqrt{-1}}{x - \alpha + \beta\sqrt{-1}}.$$

En ajoutant ces deux fractions, on obtient la suivante

$$(13) \qquad \frac{2A(x-\alpha) + 2B\beta}{(x-\alpha)^2 + \beta^2},$$

qui a pour numérateur une fonction réelle et linéaire de $x$, et pour dénominateur un facteur du second degré du polynome $F(x)$.

*Exemples.* Décomposition des fractions $\frac{1}{x^2-1}$, $\frac{x}{x^2-1}$, $\frac{x^{m}}{x^{n}\pm1}$, $\frac{x^{m+1}}{x^{n}\pm1}$, &c.

Passons au cas où l'équation (1) a des racines égales. Alors, si l'on désigne par $a, b, c$.. les diverses racines, par $p, q, r$... des nombres entiers, et par $k$ un coefficient constant, le polynome $F(x)$ sera de la forme

$$(14) \qquad F(x) = k(x-a)^p (x-b)^q (x-c)^r \ldots$$

Si, dans cette nouvelle hypothèse, on fait, pour abréger,

$$(15) \qquad \phi(x) = k(x-b)^q (x-c)^r \ldots, \quad \text{et} \quad \frac{f(a)}{\phi(a)} = A,$$

l'équation (14) deviendra

$$(16) \qquad F(x) = (x-a)^p\, \phi(x);$$

et, comme les deux différences $\frac{f(x)}{\phi(x)} - A$, $f(x) - A\,\phi(x)$ s'évanouiront pour $x = a$, on aura nécessairement

$$(17) \qquad f(x) = A\,\phi(x) + (x-a)\,\chi(x),$$

$\chi(x)$ désignant une nouvelle fonction entière de la variable $x$. Cela posé, on tirera des équations (14), (16) et (17)

$$(18) \qquad \frac{f(x)}{F(x)} = \frac{A}{(x-a)^p} + \frac{\chi(x)}{(x-a)^{p-1}\,\phi(x)} = \frac{A}{(x-a)^p} + \frac{\chi(x)}{k(x-a)^{p-1}(x-b)^q(x-c)^r \ldots}.$$

Ainsi, en extrayant de la fraction rationnelle $\frac{f(x)}{F(x)}$ une fraction simple de la forme $\frac{A}{(x-a)^p}$, on obtient pour reste une autre fraction rationnelle dont le dénominateur est ce que devient le polynome $F(x)$ quand on supprime dans ce polynome un des facteurs égaux à $x - a$. Concevons qu'à l'aide de plusieurs décompositions semblables, on enlève successivement au dénominateur de la fraction restante, 1.° tous les facteurs égaux à $x-a$; 2.° tous les facteurs égaux à $x-b$; 3.° tous les facteurs égaux à $x-c$, &c.... Le dernier de tous les restes sera une fraction rationnelle à dénominateur constant, c'est-à-dire, une fonction entière de la variable $x$: de sorte qu'en désignant par $Q$ cette fonction entière, et par $A, A_1, A_2 \ldots A_{p-1}, B, B_1, B_2 \ldots B_{q-1}, C, C_1, C_2 \ldots C_{r-1}$, &c... les numérateurs constans des diverses fractions simples, on aura

$$(19)\quad \frac{f(x)}{F(x)} = Q + \frac{A}{(x-a)^p} + \frac{A_1}{(x-a)^{p-1}} + \ldots + \frac{A_{p-1}}{x-a} + \frac{B}{(x-b)^q} + \ldots + \frac{C}{(x-c)^r} + \ldots$$

Pour prouver, 1.° que le polynome $Q$ est le quotient de la division algébrique de $f(x)$ par $F(x)$, 2.° que les valeurs des constantes $A, A_1, \ldots A_{p-1}, B$, &c. sont indépendantes du mode de décomposition adopté, il suffira d'observer que la formule (19) entraîne la suivante

$$(20)\quad f(x) = QF(x) + A\frac{F(x)}{(x-a)^p} + A_1\frac{F(x)}{(x-a)^{p-1}} + \ldots + A_{p-1}\frac{F(x)}{x-a} + B\frac{F(x)}{(x-b)^q} + \ldots,$$

dans laquelle tous les termes qui suivent le produit $QF(x)$ sont des fonctions entières de $x$, d'un degré inférieur à celui de la fonction $F(x)$; et de plus, que, si dans la formule (20) on pose $x = a + z$, la comparaison des termes constans et des coefficiens qui affecteront les puissances semblables de $z$, dans les deux membres développés suivant les puissances ascendantes de cette variable [*voyez* la 19.e leçon], fournira les équations

$$(21)\quad f(a) = A\frac{F^{(p)}(a)}{1.2.3 \ldots p},\quad f'(a) = A\frac{F^{(p+1)}(a)}{1.2.3\ldots(p+1)} + A_1\frac{F^{(p)}(a)}{1.2.3\ldots p},\quad f''(a) = \&c.,$$

desquelles on déduira pour les constantes $A, A_1, A_2, \ldots$ un système unique de valeurs, savoir :

$$(22)\quad A = \frac{1.2.3\ldots p.f(a)}{F^{(p)}(a)},\quad A_1 = \frac{1.2.3\ldots(p+1)f'(a) - AF^{(p+1)}(a)}{(p+1)F^{(p)}(a)},\ \&c.$$

On obtiendrait de la même manière les valeurs de $B, B_1, B_2 \ldots C, C_1, C_2 \ldots$ Il est essentiel d'observer que la première des formules (22) donne pour la constante $A$ une valeur égale à celle que reçoit la fraction $\frac{(x-a)^p f(x)}{F(x)} = \frac{f(x)}{\varphi(x)}$, quand on y suppose $x = a$, et par conséquent égale à $\frac{f(a)}{\varphi(a)}$. [*Voyez*, pour plus de détails, l'*Analyse algébrique*, ch. XI].

# VINGT-UNIÈME LEÇON.

## *Intégrales définies.*

Supposons que, la fonction $y = f(x)$ étant continue par rapport à la variable $x$ entre deux limites finies $x = x_0$, $x = X$, on désigne par $x_1$, $x_2, \ldots x_{n-1}$ de nouvelles valeurs de $x$ interposées entre ces limites, et qui aillent toujours en croissant ou en décroissant depuis la première limite jusqu'à la seconde. On pourra se servir de ces valeurs, pour diviser la différence $X - x_0$ en élémens

(1) $$x_1 - x_0, \quad x_2 - x_1, \quad x_3 - x_2, \quad \ldots \quad X - x_{n-1}$$

qui seront tous de même signe. Cela posé, concevons que l'on multiplie chaque élément par la valeur de $f(x)$ correspondante à l'*origine* de ce même élément, savoir, l'élément $x_1 - x_0$ par $f(x_0)$, l'élément $x_2 - x_1$ par $f(x_1)$, &c.., enfin l'élément $X - x_{n-1}$ par $f(x_{n-1})$; et soit

(2) $$S = (x_1 - x_0) f(x_0) + (x_2 - x_1) f(x_1) + \ldots + (X - x_{n-1}) f(x_{n-1})$$

la somme des produits ainsi obtenus. La quantité $S$ dépendra évidemment, 1.° du nombre $n$ des élémens dans lesquels on aura divisé la différence $X - x_0$, 2.° des valeurs mêmes de ces élémens, et par conséquent du mode de division adopté. Or, il importe de remarquer que, si les valeurs numériques des élémens deviennent très-petites et le nombre $n$ très-considérable, le mode de division n'aura plus sur la valeur de $S$ qu'une influence insensible. C'est effectivement ce que l'on peut démontrer, comme il suit.

Si l'on supposait tous les élémens de la différence $X - x_0$ réduits à un seul qui serait cette différence elle-même, on aurait simplement

(3) $$S = (X - x_0) f(x_0).$$

Lorsqu'au contraire on prend les expressions (1) pour élémens de la différence $X - x_0$, la valeur de $S$, déterminée dans ce cas par l'équation (2), est égale à la somme des élémens multipliée par une moyenne entre les coefficiens

$$f(x_0), \quad f(x_1), \quad f(x_2), \quad \ldots \quad f(x_{n-1})$$

[*voyez* dans les préliminaires du *Cours d'analyse*, le corollaire du 3.$^e$ théor.]. D'ailleurs, ces coefficiens étant des valeurs particulières de l'expression

$$f[x_0 + \theta(X - x_0)]$$

qui correspondent à des valeurs de $\theta$ comprises entre zéro et l'unité, on prouvera, par des raisonnemens semblables à ceux dont nous avons fait usage dans la 7.$^e$ leçon, que la moyenne dont il s'agit est une autre valeur de la même expression, correspondante à une valeur de $\theta$ comprise entre les mêmes limites. On pourra donc à l'équation (2) substituer la suivante

$$(4) \qquad S = (X - x_0) f[x_0 + \theta(X - x_0)],$$

dans laquelle $\theta$ sera un nombre inférieur à l'unité.

Pour passer du mode de division que nous venons de considérer à un autre dans lequel les valeurs numériques des élémens de $X - x_0$ soient encore plus petites, il suffira de partager chacune des expressions (1) en de nouveaux élémens. Alors on devra remplacer, dans le second membre de l'équation (2), le produit $(x_1 - x_0) f(x_0)$ par une somme de produits semblables, à laquelle on pourra substituer une expression de la forme

$$(x_1 - x_0) f[x_0 + \theta_0(x_1 - x_0)],$$

$\theta_0$ étant un nombre inférieur à l'unité, attendu qu'il y aura entre cette somme et le produit $(x_1 - x_0) f(x_0)$ une relation pareille à celle qui existe entre les valeurs de $S$ fournies par les équations (4) et (3). Par la même raison, on devra substituer au produit $(x_2 - x_1) f(x_1)$ une somme de termes qui pourra être présentée sous la forme

$$(x_2 - x_1) f[x_1 + \theta_1(x_2 - x_1)],$$

$\theta_1$ désignant encore un nombre inférieur à l'unité. En continuant de la sorte, on finira par conclure que, dans le nouveau mode de division, la valeur de $S$ sera de la forme

$$(5) \quad S = (x_1 - x_0) f[x_0 + \theta_0(x_1 - x_0)] + (x_2 - x_1) f[x_1 + \theta_1(x_2 - x_1)] + \ldots \\ + (X - x_{n-1}) f[x_{n-1} + \theta_{n-1}(X - x_{n-1})].$$

Si l'on fait dans cette dernière équation

$$f[x_0 + \theta_0(x_1 - x_0)] = f(x_0) \pm \varepsilon_0, \quad f[x_1 + \theta_1(x_2 - x_1)] = f(x_1) \pm \varepsilon_1, \ldots \\ \ldots\ldots\ldots\ldots \quad f[x_{n-1} + \theta_{n-1}(X - x_{n-1})] = f(x_{n-1}) \pm \varepsilon_{n-1},$$

on en tirera

(6) $S=(x_1-x_0)[f(x_0)\pm\varepsilon_0]+(x_2-x_1)[f(x_1)\pm\varepsilon_1]+\ldots+(X-x_{n-1})[f(x_{n-1})\pm\varepsilon_{n-1}]$

puis, en développant les produits,

$$(7)\quad S=(x_1-x_0)f(x_0)+(x_2-x_1)f(x_1)+\ldots+(X-x_{n-1})f(x_{n-1})$$
$$\pm\varepsilon_0(x_1-x_0)\pm\varepsilon_1(x_2-x_1)\pm\ldots\pm\varepsilon_{n-1}(X-x_{n-1}).$$

Ajoutons que, si les élémens $x_1-x_0$, $x_2-x_1$, ... $X-x_{n-1}$, ont des valeurs numériques très-petites, chacune des quantités $\pm\varepsilon_0$, $\pm\varepsilon_1$, ... $\pm\varepsilon_{n-1}$, différera très-peu de zéro, et que par suite il en sera de même de la somme

$$\pm\varepsilon_0(x_1-x_0)\pm\varepsilon_1(x_2-x_1)\pm\ldots\ldots\pm\varepsilon_{n-1}(X-x_{n-1}),$$

qui est équivalente au produit de $X-x_0$ par une moyenne entre ces diverses quantités. Cela posé, il résulte des équations (2) et (7) comparées entre elles qu'on n'altérera pas sensiblement la valeur de $S$ calculée pour un mode de division dans lequel les élémens de la différence $X-x_0$ ont des valeurs numériques très-petites, si l'on passe à un second mode dans lequel chacun de ces élémens se trouve subdivisé en plusieurs autres.

Concevons à présent que l'on considère à-la-fois deux modes de division de la différence $X-x_0$, dans chacun desquels les élémens de cette différence aient de très-petites valeurs numériques. On pourra comparer ces deux modes à un troisième tellement choisi, que chaque élément, soit du premier, soit du second mode, se trouve formé par la réunion de plusieurs élémens du troisième. Pour que cette condition soit remplie, il suffira que toutes les valeurs de $x$, interposées dans les deux premiers modes entre les limites $x_0$, $X$, soient employées dans le troisième, et l'on prouvera que l'on altère très-peu la valeur de $S$, en passant du premier ou du second mode au troisième, par conséquent, en passant du premier au second. Donc, lorsque les élémens de la différence $X-x_0$ deviennent infiniment petits, le mode de division n'a plus sur la valeur de $S$ qu'une influence insensible; et, si l'on fait décroître indéfiniment les valeurs numériques de ces élémens, en augmentant leur nombre, la valeur de $S$ finira par être sensiblement constante, ou, en d'autres termes, elle finira par atteindre une certaine limite qui dépendra uniquement de la forme de la fonction $f(x)$, et des valeurs extrêmes $x_0$, $X$ attribuées à la variable $x$. Cette limite est ce qu'on appelle une *intégrale définie*.

Observons maintenant que, si l'on désigne par $\Delta x = h = dx$ un accroissement fini attribué à la variable $x$, les différens termes dont se compose la valeur de $S$, tels que les produits $(x_1 - x_0)f(x_0)$, $(x_2 - x_1)f(x_1)$, &c... seront tous compris dans la formule générale

(8) $$h f(x) = f(x)\,dx$$

de laquelle on les déduira l'un après l'autre, en posant d'abord $x = x_0$ et $h = x_1 - x_0$, puis $x = x_1$ et $h = x_2 - x_1$, &c... On peut donc énoncer que la quantité $S$ est une somme de produits semblables à l'expression (8); ce qu'on exprime quelquefois à l'aide de la caractéristique $\Sigma$ en écrivant

(9) $$S = \Sigma h f(x) = \Sigma f(x)\,\Delta x.$$

Quant à l'intégrale définie vers laquelle converge la quantité $S$, tandis que les élémens de la différence $X - x_0$ deviennent infiniment petits, on est convenu de la représenter par la notation $\int h f(x)$ ou $\int f(x)dx$, dans laquelle la lettre $\int$ substituée à la lettre $\Sigma$ indique, non plus une somme de produits semblables à l'expression (8), mais la limite d'une somme de cette espèce. De plus, comme la valeur de l'intégrale définie que l'on considère dépend des valeurs extrêmes $x_0$, $X$ attribuées à la variable $x$, on est convenu de placer ces deux valeurs, la première au-dessous, la seconde au-dessus de la lettre $\int$, ou de les écrire à côté de l'intégrale, que l'on désigne en conséquence par l'une des notations

(10) $$\int_{x_0}^{X} f(x)dx\,,\quad \int f(x)dx\left[\begin{matrix} x_0 \\ X \end{matrix}\right],\quad \int f(x)dx\left[\begin{matrix} x = x_0 \\ x = X \end{matrix}\right].$$

La première de ces notations, imaginée par M. *Fourier*, est la plus simple. Dans le cas particulier où la fonction $f(x)$ est remplacée par une quantité constante $a$, on trouve, quel que soit le mode de division de la différence $X - x_0$, $\quad S = a(X - x_0)$, $\quad$ et l'on en conclut

(11) $$\int_{x_0}^{X} a\,dx = a(X - x_0),$$

Si, dans cette dernière formule on pose $a = 1$, on en tirera

(12) $$\int_{x_0}^{X} dx = X - x_0.$$

## VINGT-DEUXIÈME LEÇON.

*Formules pour la détermination des valeurs exactes ou approchées des Intégrales définies.*

D'après ce qui a été dit dans la dernière leçon, si l'on divise $X - x_0$ en élémens infiniment petits $x_1 - x_0$, $x_2 - x_1$ ... $X - x_{n-1}$, la somme

(1) $S = (x_1 - x_0) f(x_0) + (x_2 - x_1) f(x_1) + \ldots + (X - x_{n-1}) f(x_{n-1})$

convergera vers une limite représentée par l'intégrale définie

(2) $$\int_{x_0}^{X} f(x)\, dx.$$

Des principes sur lesquels nous avons fondé cette proposition il résulte qu'on parviendrait encore à la même limite, si la valeur de $S$, au lieu d'être déterminée par l'équation (1), était déduite de formules semblables aux équations (5) et (6) [21.e leçon], c'est-à-dire, si l'on supposait

(3) $S = (x_1 - x_0) f[x_0 + \theta_0 (x_1 - x_0)] + (x_2 - x_1) f[x_1 + \theta_1 (x_2 - x_1)] + \ldots$
$\ldots\ldots\ldots\ldots + (X - x_{n-1}) f[x_{n-1} + \theta_{n-1} (X - x_{n-1})]$,

$\theta_0$, $\theta_1$ .. $\theta_{n-1}$ désignant des nombres quelconques inférieurs à l'unité, ou bien

(4) $S = (x_1 - x_0)[f(x_0) \pm \varepsilon_0] + (x_2 - x_1)[f(x_1) \pm \varepsilon_1] + \ldots + (X - x_{n-1})[f(x_{n-1}) \pm \varepsilon_{n-1}]$,

$\varepsilon_0$, $\varepsilon_1$ ... $\varepsilon_{n-1}$ désignant des nombres assujettis à s'évanouir avec les élémens de la différence $X - x_0$. La première des deux formules précédentes se réduit à l'équation (1), lorsqu'on prend $\theta_0 = \theta_1 = \ldots = \theta_{n-1} = 0$. Si l'on fait au contraire $\theta_0 = \theta_1 = \ldots = \theta_{n-1} = 1$, on trouvera

(5) $S = (x_1 - x_0) f(x_1) + (x_2 - x_1) f(x_2) + \ldots + (X - x_{n-1}) f(X)$

Lorsque, dans cette dernière formule, on échange entre elles les deux quantités $x_0$, $X$, ainsi que tous les termes placés à égales distances des deux extrêmes dans la suite $x_0$, $x_1$ ... $x_{n-1}$, $X$; on obtient une nouvelle valeur de $S$ égale, mais opposée de signe à celle que fournit l'équation (1). La limite vers laquelle convergera cette nouvelle valeur de $S$ devra donc être égale, mais opposée de signe, à l'intégrale (2), de laquelle on la déduira par l'échange mutuel des deux quantités $x_0$, $X$. On aura donc généralement

$$\int_X^{x_0} f(x)\,dx = -\int_{x_0}^{X} f(x)\,dx. \tag{6}$$

On emploie fréquemment les formules (1) et (5) dans la recherche des valeurs approchées des intégrales définies. Pour plus de simplicité, on suppose ordinairement que les quantités $x_0$, $x_1$, ... $x_{n-1}$, $X$ comprises dans ces formules sont en progression arithmétique. Alors les élémens de la différence $X - x_0$ deviennent tous égaux à la fraction $\frac{X - x_0}{n}$; et, en désignant cette fraction par $i$, on trouve que les équations (1) et (5) se réduisent aux deux suivantes

$$S = i\,[f(x_0) + f(x_0 + i) + f(x_0 + 2i) + \ldots + f(X - 2i) + f(X - i)], \tag{7}$$

$$S = i\,[f(x_0 + i) + f(x_0 + 2i) + \ldots + f(X - 2i) + f(X - i) + f(X)]. \tag{8}$$

On pourrait supposer encore que les quantités $x_0$, $x_1$, ... $x_{n-1}$, $X$ forment une progression géométrique dont la raison diffère très-peu de l'unité. En adoptant cette hypothèse, et faisant $\left(\frac{X}{x_0}\right)^{\frac{1}{n}} = 1 + \alpha$, on tirera des formules (1) et (5) deux nouvelles valeurs de $S$, dont la première sera

$$S = \alpha \left\{ x_0 f(x_0) + x_0(1+\alpha) f[x_0(1+\alpha)] + \ldots + \frac{X}{1+\alpha} f\left(\frac{X}{1+\alpha}\right) \right\}. \tag{9}$$

Il est essentiel d'observer que, dans plusieurs cas, on peut déduire des équations (7) et (9), non-seulement des valeurs approchées de l'intégrale (2), mais aussi sa valeur exacte, ou $lim. S$. On trouvera, par exemple,

$$\int_{x_0}^{X} x\,dx = lim\,\frac{(X - x_0)(X + x_0 - i)}{2} = lim\,\frac{X^2 - x_0^2}{2 + \alpha} = \frac{X^2 - x_0^2}{2}; \tag{10}$$

$$\int_{x_0}^{X} A^x dx = lim\,\frac{i(A^X - A^{x_0})}{A^i - 1} = \frac{A^X - A^{x_0}}{l(A)}, \quad \int_{x_0}^{X} e^x\,dx = e^X - e^{x_0}; \tag{11}$$

$$\int_{x_0}^{X} x^a dx = lim\,\frac{\alpha(X^{a+1} - x_0^{a+1})}{(1+\alpha)^{a+1} - 1} = \frac{X^{a+1} - x_0^{a+1}}{a+1}, \quad \int_{x_0}^{X} \frac{dx}{x} = lim.\, n\alpha = l\left(\frac{X}{x_0}\right); \tag{12}$$

la dernière équation devant être restreinte au cas où les quantités $x_0$, $X$ sont affectées du même signe. Ajoutons qu'il est souvent facile de ramener la détermination d'une intégrale définie à celle d'une autre intégrale de même espèce. Ainsi, par exemple, on tirera de la formule (1)

$$(13)\quad \int_{x_0}^{X} a\,\varphi(x)\,dx = \lim.\, a\left[(x_1-x_0)\,\varphi(x_0)+\dots+(X-x_{n-1})\,\varphi(x_{n-1})\right] = a\int_{x_0}^{X}\varphi(x)\,dx\,;$$

$$(14)\quad \int_{x_0}^{X} f(x+a)\,dx = \lim.\left[(x_1-x_0)f(x_0+a)+\dots+(X-x_{n-1})\,f(x_{n-1}+a)\right] = \int_{x_0+a}^{X+a} f(x)\,dx\,;$$

$$(15)\quad \int_{x_0}^{X} f(x-a)\,dx = \int_{x_0-a}^{X-a} f(x)\,dx,\quad \int_{x_0}^{X}\frac{dx}{x-a} = \int_{x_0-a}^{X-a}\frac{dx}{x} = l\left(\frac{X-a}{x_0-a}\right);$$

la dernière équation devant être restreinte au cas où $x_0-a$ et $X-a$ sont des quantités affectées du même signe. De plus, on tirera de la formule (8), en posant $x_0=0$, et remplaçant $f(x)$ par $f(X-x)$,

$$(16)\quad \int_{0}^{X} f(X-x)\,dx = \lim.\, i\left[f(X-i)+f(X-2i)+\dots+f(2i)+f(i)+f(0)\right] = \int_{0}^{X} f(x)\,dx\,;$$

puis l'on en conclura [en ayant égard à l'équation (14)]

$$(17)\quad \int_{0}^{X-x_0} f(X-x)\,dx = \int_{0}^{X-x_0} f(x+x_0)\,dx = \int_{x_0}^{X} f(x)\,dx.$$

Enfin, si dans la formule (9) on pose $f(x)=\frac{1}{x\,l(x)}$ et $l(1+\alpha)=\beta$, on en tirera

$$(18)\quad \int_{x_0}^{X}\frac{dx}{x\,l(x)} = \lim.\,\beta\left[\frac{1}{l(x_0)}+\frac{1}{l(x_0)+\beta}+\dots+\frac{1}{l(X)-\beta}\right]\left(\frac{e^{\beta}-1}{\beta}\right) = \int_{l(x_0)}^{l(X)}\frac{dx}{x} = l\left[\frac{l(X)}{l(x_0)}\right],$$

les quantités $x_0$, $X$ devant être positives, et toutes deux supérieures ou toutes deux inférieures à l'unité.

Une remarque importante à faire, c'est que les formes sous lesquelles se présente la valeur de $S$, dans les équations (4) et (5) de la leçon précédente, conviennent également à l'intégrale (2). En effet, ces équations, subsistant l'une et l'autre, tandis que l'on subdivise ou la différence $X-x_0$, ou les quantités $x_1-x_0$, $x_2-x_1$ ... $X-x_{n-1}$ en élémens infiniment petits, seront encore vraies à la limite, en sorte qu'on aura

$$(19)\quad \int_{x_0}^{X} f(x)\,dx = (X-x_0)\,f[x_0+\theta(X-x_0)],\quad \text{et}$$

$$(20)\quad \int_{x_0}^{X} f(x)\,dx = (x_1-x_0)\,f[x_0+\theta_0(x_1-x_0)]+(x_2-x_1)\,f[x_1+\theta_1(x_2-x_1)] + \dots\dots\dots + (X-x_{n-1})\,f[x_{n-1}+\theta_{n-1}(X-x_{n-1})],$$

$\theta$, $\theta_0$, $\theta_1$ ... $\theta_{n-1}$ désignant des nombres inconnus, mais tous inférieurs à l'unité. Si, pour plus de simplicité, on suppose les quantités $x_1-x_0$, $x_2-x_1$, ... $X-x_{n-1}$ égales entre elles, alors, en faisant $i=\frac{X-x_0}{n}$, on trouvera

$$(21)\quad \int_{x_0}^{X} f(x)\,dx = i\left[f(x_0+\theta_0 i)+f(x_0+i+\theta_1 i)+\ldots+f(X-i+\theta_{n-1} i)\right]$$

Lorsque la fonction $f(x)$ est toujours croissante ou toujours décroissante depuis $x=x_0$, jusqu'à $x=X$, le second membre de la formule (21) reste évidemment compris entre les deux valeurs de $S$ fournies par les équations (7) et (8), valeurs dont la différence est $\pm i[f(X)-f(x_0)]$. Par conséquent, dans cette hypothèse, en prenant la demi-somme de ces deux valeurs, ou l'expression

$$(22)\quad i\left[\tfrac{1}{2}f(x_0)+f(x_0+i)+f(x_0+2i)+\ldots+f(X-2i)+f(X-i)+\tfrac{1}{2}f(X)\right]$$

pour valeur approchée de l'intégrale (21), on commet une erreur plus petite que la demi-différence $\pm i\left[\frac{1}{2}f(X)-\frac{1}{2}f(x_0)\right]$.

*Exemple.* Si l'on suppose $f(x)=\frac{1}{1+x^2}$, $x_0=0$, $X=1$, $i=\frac{1}{4}$, l'expression (22) deviendra $\frac{1}{4}\left[\frac{1}{2}+\frac{16}{17}+\frac{4}{5}+\frac{16}{25}+\frac{1}{4}\right]=0{,}78$ ... En conséquence $0{,}78$ est la valeur approchée de l'intégrale $\int_0^1 \frac{dx}{1+x^2}$. L'erreur commise dans ce cas ne pourra surpasser $\frac{1}{4}\left(\frac{1}{2}-\frac{1}{4}\right)=\frac{1}{16}$. Elle sera effectivement au-dessous d'un centième, comme nous le verrons plus tard.

Lorsque la fonction $f(x)$ est tantôt croissante et tantôt décroissante entre les limites $x=x_0$, $x=X$, l'erreur que l'on commet, en prenant une des valeurs de $S$ fournies par les équations (7) et (8) pour valeur approchée de l'intégrale (2), est évidemment inférieure au produit de $ni=X-x_0$ par la plus grande valeur numérique que puisse obtenir la différence

$$(23)\qquad f(x+\Delta x)-f(x)=\Delta x\, f'(x+\theta\,\Delta x)$$

quand on y suppose $x$ comprise entre les limites $x_0$, $X$, et $\Delta x$ entre les limites $0$, $i$. Donc, si l'on appelle $k$ la plus grande des valeurs numériques que reçoit $f'(x)$, tandis que $x$ varie depuis $x=x_0$, jusqu'à $x=X$, l'erreur commise sera certainement renfermée entre les limites

$$-ki(X-x_0),\quad +ki(X-x_0).$$

# VINGT-TROISIÈME LEÇON.

*Décomposition d'une Intégrale définie en plusieurs autres. Intégrales définies imaginaires. Représentation géométrique des Intégrales définies réelles. Décomposition de la Fonction sous le signe ∫ en deux Facteurs dont l'un conserve toujours le même signe.*

POUR diviser l'intégrale définie

$$(1) \qquad \int_{x_0}^{X} f(x)\,dx$$

en plusieurs autres de même espèce, il suffit de décomposer en plusieurs parties ou la fonction sous le signe $\int$, ou la différence $X - x_0$. Supposons d'abord $f(x) = \varphi(x) + \chi(x) + \psi(x) + \ldots$; on en conclura

$$(x_1 - x_0) f(x_0) + \ldots + (X - x_{n-1}) f(x_{n-1}) = (x_1 - x_0)\varphi(x_0) + \ldots + (X - x_{n-1})\varphi(x_{n-1})$$
$$+ (x_1 - x_0)\chi(x_0) + \ldots + (X - x_{n-1})\chi(x_{n-1}) + (x_1 - x_0)\psi(x_0) + \ldots + (X - x_{n-1})\psi(x_{n-1}) + \&c.$$

puis en passant aux limites

$$\int_{x_0}^{X} f(x)\,dx = \int_{x_0}^{X} \varphi(x)\,dx + \int_{x_0}^{X} \chi(x)\,dx + \int_{x_0}^{X} \psi(x)\,dx + \&c\ldots$$

De cette dernière formule jointe à l'équation (13) [22.$^e$ leçon] on tirera; en désignant par $u$, $v$, $w$... diverses fonctions de la variable $x$, et par $a$, $b$, $c$... des quantités constantes,

$$(2) \quad \int_{x_0}^{X} (u + v + w + \ldots)\,dx = \int_{x_0}^{X} u\,dx + \int_{x_0}^{X} v\,dx + \int_{x_0}^{X} w\,dx + \ldots\ldots;$$

$$(3) \quad \int_{x_0}^{X} (u+v)\,dx = \int_{x_0}^{X} u\,dx + \int_{x_0}^{X} v\,dx, \quad \int_{x_0}^{X} (u-v)\,dx = \int_{x_0}^{X} u\,dx - \int_{x_0}^{X} v\,dx;$$

$$(4) \quad \int_{x_0}^{X} (au + bv + cw \ldots)\,dx = a\int_{x_0}^{X} u\,dx + b\int_{x_0}^{X} v\,dx + c\int_{x_0}^{X} w\,dx + \ldots;$$

Lorsqu'on étend la définition que nous avons donnée de l'intégrale (1), au cas où la fonction $f(x)$ devient imaginaire, l'équation (4) subsiste pour des valeurs imaginaires des constantes $a$, $b$, $c$... On a par suite

$$(5) \qquad \int_{x_0}^{X} (u + v\sqrt{-1})\,dx = \int_{x_0}^{X} u\,dx + \sqrt{-1}\int_{x_0}^{X} v\,dx.$$

Supposons maintenant qu'après avoir divisé la différence $X - x_0$ en un nombre fini d'élémens représentés par $x_1 - x_0$, $x_2 - x_1$ ... $X - x_{n-1}$, on partage chacun de ces élémens en plusieurs autres dont les valeurs numériques soient infiniment petites, et que l'on modifie en conséquence la valeur de $\mathcal{S}$ fournie par l'équation (1) [22.$^e$ leçon]. Le produit $(x_1 - x_0) f(x_0)$ se trouvera remplacé par une somme de produits semblables qui aura pour limite l'intégrale $\int_{x_0}^{x_1} f(x)\,dx$. De même, les produits $(x_2 - x_1) f(x_1)$, ... $(X - x_{n-1}) f(x_{n-1})$ seront remplacés par des sommes qui auront pour limites respectives les intégrales définies $\int_{x_0}^{x_2} f(x)\,dx$, &c... $\int_{x_{n-1}}^{X} f(x)\,dx$. D'ailleurs, en réunissant les différentes sommes dont il s'agit, on obtiendra pour résultat une somme totale dont la limite sera précisément l'intégrale (1). Donc, puisque la limite d'une somme de plusieurs quantités est toujours équivalente à la somme de leurs limites, on aura généralement

$$(6)\qquad \int_{x_0}^{X} f(x)\,dx = \int_{x_0}^{x_1} f(x)\,dx + \int_{x_1}^{x_2} f(x)\,dx + \ldots + \int_{x_{n-1}}^{X} f(x)\,dx.$$

Il est essentiel de se rappeler que l'on doit ici attribuer au nombre entier $n$ une valeur finie. Lorsqu'entre les limites $x_0$, $X$ on interpose une seule valeur de $x$ représentée par $\xi$, l'équation (6) se réduit à

$$(7)\qquad \int_{x_0}^{X} f(x)\,dx = \int_{x_0}^{\xi} f(x)\,dx + \int_{\xi}^{X} f(x)\,dx.$$

Il est facile de prouver que les équations (6) et (7) subsisteraient dans le cas même où quelques-unes des quantités $x_1$, $x_2$ ... $x_{n-1}$, $\xi$ cesseraient d'être comprises entre les limites $x_0$, $X$, et dans celui où les différences $x_1 - x_0$, $x_2 - x_1$ ... $X - x_{n-1}$, $\xi - x_0$, $X - \xi$ ne seraient plus des quantités de même signe. Admettons, par exemple, que les différences $\xi - x_0$, $X - \xi$ soient de signes contraires. Alors, suivant qu'on supposera $x_0$ comprise entre $\xi$ et $X$, ou bien $X$ comprise entre $x_0$ et $\xi$, on trouvera

$$\int_{\xi}^{X} f(x)\,dx = \int_{\xi}^{x_0} f(x)\,dx + \int_{x_0}^{X} f(x)\,dx, \text{ ou bien}$$

$$\int_{x_0}^{\xi} f(x)\,dx = \int_{x_0}^{X} f(x)\,dx + \int_{X}^{\xi} f(x)\,dx.$$

Or, la formule (6) de la 22.$^e$ leçon suffit pour montrer comment les deux équations que nous venons d'obtenir s'accordent avec l'équation (7). Cette dernière étant établie dans toutes les hypothèses, on pourra en déduire directement l'équation (6), quelles que soient $x_1, x_2 \ldots x_{n-1}$.

On a vu dans la leçon précédente, combien il est aisé de trouver, non-seulement des valeurs approchées de l'intégrale (1), mais aussi les limites des erreurs commises, lorsque la fonction $f(x)$ est toujours croissante ou toujours décroissante depuis $x = x_0$, jusqu'à $x = X$. Quand cette condition cesse d'être satisfaite, on peut évidemment, à l'aide de la formule (6), décomposer l'intégrale (1) en plusieurs autres, pour chacune desquelles la même condition soit remplie.

Concevons à présent que, la limite $X$ étant supérieure à $x_0$, et la fonction $f(x)$ étant positive depuis $x = x_0$ jusqu'à $x = X$, $x, y$ désignent des coordonnées rectangulaires, et $A$ la surface comprise d'une part entre l'axe des $x$ et la courbe $y = f(x)$, d'autre part entre les ordonnées $f(x_0)$, $f(X)$. Cette surface, qui a pour base la longueur $X - x_0$ comptée sur l'axe des $x$, sera une moyenne entre les aires des deux rectangles construits sur la base $X - x_0$ avec des hauteurs respectivement égales à la plus petite et à la plus grande des ordonnées élevées par les différens points de cette base. Elle sera donc équivalente à un rectangle construit sur une ordonnée moyenne représentée par une expression de la forme $f[x_0 + \theta(X - x_0)]$; en sorte qu'on aura

(8) $$A = (X - x_0) f[x_0 + \theta(X - x_0)],$$

$\theta$ désignant un nombre inférieur à l'unité. Si l'on divise la base $X - x_0$ en élémens très-petits, $x_1 - x_0$, $x_2 - x_1 \ldots X - x_{n-1}$, la surface $A$ se trouvera divisée en élémens correspondans dont les valeurs seront données par des équations semblables à la formule (8). On aura donc encore

(9) $$A = (x_1 - x_0) f[x_0 + \theta_0(x_1 - x_0)] + (x_2 - x_1) f[x_1 + \theta_1(x_2 - x_1)] + \ldots \\ \ldots\ldots\ldots\ldots\ldots\ldots + (X - x_{n-1}) f[x_{n-1} + \theta_{n-1}(X - x_{n-1})],$$

$\theta_0, \theta_1 \ldots \theta_{n-1}$ désignant des nombres inférieurs à l'unité. Si dans cette dernière équation on fait décroître indéfiniment les valeurs numériques des élémens de $X - x_0$, on en tirera, en passant aux limites,

(10) $$A = \int_{x_0}^{X} f(x)\,dx.$$

*Exemples.* Appliquer la formule (10) aux courbes $y=ax^2$, $xy=1$, $y=e^x$, ...

En terminant cette leçon, nous allons faire connaître une propriété remarquable des intégrales définies réelles. Si l'on suppose $f(x)=\varphi(x).\chi(x)$, $\varphi(x)$ et $\chi(x)$ étant deux fonctions nouvelles qui restent l'une et l'autre continues entre les limites $x=x_0$, $x=X$, et dont la seconde conserve toujours le même signe entre ces limites, la valeur de $S$ donnée par l'équation (1) de la 22.[e] leçon deviendra

$$(11)\quad S=(x_1-x_0)\varphi(x_0)\chi(x_0)+(x_2-x_1)\varphi(x_1)\chi(x_1)+\ldots+(X-x_{n-1})\varphi(x_{n-1})\chi(x_{n-1}),$$

et sera équivalente à la somme

$$(x_1-x_0)\chi(x_0)+(x_2-x_1)\chi(x_1)+\ldots+(X-x_{n-1})\chi(x_{n-1})$$

multipliée par une moyenne entre les coefficiens $\varphi(x_0)$, $\varphi(x_1)\ldots\varphi(x_{n-1})$ ou, ce qui revient au même, par une quantité de la forme $\varphi(\xi)$, $\xi$ désignant une valeur de $x$ comprise entre $x_0$ et $X$. On aura donc

$$(12)\quad S=[(x_1-x_0)\chi(x_0)+(x_2-x_1)\chi(x_1)+\ldots+(X-x_{n-1})\chi(x_{n-1})].\varphi(\xi),$$

et l'on en conclura, en cherchant la limite de $S$,

$$(13)\quad \int_{x_0}^{X} f(x)\,dx=\int_{x_0}^{X}\varphi(x).\chi(x)\,dx=\varphi(\xi)\int_{x_0}^{X}\chi(x)\,dx,$$

$\xi$ désignant toujours une valeur de $x$ comprise entre $x_0$ et $X$.

*Exemples.* Si l'on prend successivement

$$\chi(x)=1,\quad \chi(x)=\frac{1}{x},\quad \chi(x)=\frac{1}{x-a},$$

on obtiendra les formules

$$(14)\quad \int_{x_0}^{X} f(x)\,dx=f(\xi)\int_{x_0}^{X} dx=(X-x_0)\,f(\xi),$$

$$(15)\quad \int_{x_0}^{X} f(x)\,dx=\xi f(\xi)\int_{x_0}^{X}\frac{dx}{x}=\xi f(\xi).l\left(\frac{X}{x_0}\right),$$

$$(16)\quad \int_{x_0}^{X} f(x)\,dx=(\xi-a)\,f(\xi-a)\int_{x_0}^{X}\frac{dx}{x-a}=(\xi-a)\,f(\xi-a).l\left(\frac{X-a}{x_0-a}\right),$$

dont la première coïncide avec l'équation (19) de la 22.[e] leçon. Ajoutons que le rapport $\frac{X}{x_0}$ dans la seconde formule, et le rapport $\frac{X-a}{x_0-a}$ dans la troisième, doivent être censés positifs.

## VINGT-QUATRIÈME LEÇON.

*Des Intégrales définies dont les Valeurs sont infinies ou indéterminées. Valeurs principales des Intégrales indéterminées.*

---

Dans les leçons précédentes nous avons démontré plusieurs propriétés remarquables de l'intégrale définie

$$(1) \qquad \int_{x_0}^{X} f(x)\,dx,$$

mais en supposant, 1.° que les limites $x_0$, $X$ étaient des quantités finies, 2.° que la fonction $f(x)$ demeurait finie et continue entre ces mêmes limites. Lorsque ces deux espèces de conditions se trouvent remplies, alors, en désignant par $x_1, x_2 \ldots x_{n-1}$ de nouvelles valeurs de $x$ interposées entre les valeurs extrêmes $x_0$, $X$, on a

$$(2) \quad \int_{x_0}^{X} f(x)\,dx = \int_{x_0}^{x_1} f(x)\,dx + \int_{x_1}^{x_2} f(x)\,dx + \ldots + \int_{x_{n-1}}^{X} f(x)\,dx.$$

Quand les valeurs interposées se réduisent à deux, l'une très-peu différente de $x_0$, et représentée par $\xi_0$, l'autre très-peu différente de $X$, et représentée par $\xi$, l'équation (2) devient

$$\int_{x_0}^{X} f(x)\,dx = \int_{x_0}^{\xi_0} f(x)\,dx + \int_{\xi_0}^{\xi} f(x)\,dx + \int_{\xi}^{X} f(x)\,dx,$$

et peut s'écrire comme il suit :

$$\int_{x_0}^{X} f(x)\,dx = (\xi_0 - x_0) f[x_0 + \theta_0(\xi_0 - x_0)] + \int_{\xi_0}^{\xi} f(x)\,dx + (X - \xi) f[\xi + \theta(X - \xi)],$$

$\theta_0$, $\theta$ désignant deux nombres inférieurs à l'unité. Si, dans la dernière formule, on fait converger $\xi_0$ vers la limite $x_0$, et $\xi$ vers la limite $X$, on en tirera, en passant aux limites,

$$(3) \qquad \int_{x_0}^{X} f x\,dx = \lim. \int_{\xi_0}^{\xi} f(x)\,dx.$$

Lorsque les valeurs extrêmes $x_0$, $X$ deviennent infinies, ou lorsque la fonction $f(x)$ ne reste pas finie et continue depuis $x = x_0$ jusqu'à $x = X$, on ne peut plus affirmer que la quantité désignée par $S$ dans les leçons précédentes ait une limite fixe, et par suite on ne voit plus quel sens on doit attacher à la notation (1) qui servait à représenter généralement la limite de $S$. Pour lever toute incertitude et rendre à la notation (1), dans tous les cas, une signification claire et précise, il suffit d'étendre par analogie les équations (2) et (3) aux cas même où elles ne peuvent plus être rigoureusement démontrées. C'est ce que nous allons d'abord faire voir par quelques exemples.

Considérons, en premier lieu, l'intégrale

$$(4)\qquad \int_{-\infty}^{+\infty} e^x\,dx.$$

Si l'on désigne par $\xi_0$ et $\xi$ deux quantités variables, dont la première converge vers la limite $-\infty$, et la seconde vers la limite $\infty$, on tirera de la formule (3)

$$\int_{-\infty}^{+\infty} e^x\,dx = lim. \int_{\xi_0}^{\xi} e^x\,dx = lim. (e^{\xi} - e^{\xi_0}) = e^{\infty} - e^{-\infty} = \infty.$$

Ainsi, l'intégrale (4) a une valeur infinie positive.

Considérons, en second lieu, l'intégrale

$$(5)\qquad \int_0^{\infty} \frac{dx}{x}$$

prise entre deux limites dont l'une est infinie, tandis que l'autre rend infinie la fonction sous le signe $\int$, savoir, $\frac{1}{x}$. En désignant par $\xi_0$ et $\xi$ deux quantités positives, dont la première converge vers la limite zéro, et la seconde vers la limite $\infty$, on tirera de la formule (3)

$$\int_0^{\infty} \frac{dx}{x} = lim. \int_{\xi_0}^{\xi} \frac{dx}{x}\ lim.\, l\left(\frac{\xi}{\xi_0}\right) = l\left(\frac{\infty}{0}\right) = \infty.$$

Ainsi, l'intégrale (5) a encore une valeur infinie positive.

Il est essentiel d'observer que, si la variable $x$ et la fonction $f(x)$ restent finies l'une et l'autre pour une des limites de l'intégrale (1), on pourra réduire la formule (3) à l'une des deux suivantes :

$$(6)\quad \int_{x_0}^{X} f(x)\,dx = lim. \int_{x_0}^{\xi} f(x)\,dx,\quad \int_{x_0}^{X} f(x)\,dx = lim. \int_{\xi_0}^{X} f(x)\,dx.$$

On tirera en particulier de ces dernières

$$(7)\quad\left\{\begin{array}{l}\int_{-\infty}^{0} e^x\,dx = e^0 - e^{-\infty} = 1, \quad \int_0^{\infty} e^x\,dx = e^{\infty} - e^0 = \infty;\\ \int_{-1}^{0} \frac{dx}{x} = l(0) = -\infty, \quad \int_0^{1} \frac{dx}{x} = l\left(\frac{1}{0}\right) = \infty.\end{array}\right.$$

Considérons maintenant l'intégrale

$$(8)\qquad \int_{-1}^{+1} \frac{dx}{x},$$

dans laquelle la fonction sous le signe $\int$, savoir, $\frac{1}{x}$, devient infinie pour la valeur particulière $x=0$ comprise entre les limites $x=-1$, $x=+1$. On tirera de la formule (2)

$$(9)\qquad \int_{-1}^{+1} \frac{dx}{x} = \int_{-1}^{0} \frac{dx}{x} + \int_0^{1} \frac{dx}{x} = -\infty + \infty.$$

La valeur de l'intégrale (8) paraît donc indéterminée. Pour s'assurer qu'elle l'est effectivement, il suffit d'observer que, si l'on désigne par $\varepsilon$ un nombre infiniment petit, et par $\mu$, $\nu$ deux constantes positives, mais arbitraires, on aura, en vertu des formules (6),

$$(10)\qquad \int_{-1}^{0} \frac{dx}{x} = lim. \int_{-1}^{-\varepsilon\mu} \frac{dx}{x}, \quad \int_0^{1} \frac{dx}{x} = lim. \int_{\varepsilon\nu}^{1} \frac{dx}{x}.$$

Par suite, la formule (9) deviendra

$$(11)\ \int_{-1}^{+1} \frac{dx}{x} = lim \left\{ \int_{-1}^{-\varepsilon\mu} \frac{dx}{x} + \int_{\varepsilon\nu}^{1} \frac{dx}{x} \right\} = lim \left[ l(\varepsilon\mu) + l\left(\frac{1}{\varepsilon\nu}\right) \right] = l\left(\frac{\mu}{\nu}\right),$$

et fournira pour l'intégrale (8) une valeur complétement indéterminée, puisque cette valeur sera le logarithme Népérien de la constante arbitraire $\frac{\mu}{\nu}$.

Concevons à présent que la fonction $f(x)$ devienne infinie entre les limites $x=x_0$, $x=X$, pour les valeurs particulières de $x$ représentées par $x_1, x_2 \ldots x_m$. Si l'on désigne par $\varepsilon$ un nombre infiniment petit, et par $\mu_1, \nu_1, \mu_2, \nu_2 \ldots \mu_m, \nu_m$ des constantes positives, mais arbitraires, on tirera des formules (2) et (3)

$$(12)\ \int_{x_0}^{X} f(x)\,dx = \int_{x_0}^{x_1} f(x)\,dx + \int_{x_1}^{x_2} f(x)\,dx + \ldots + \int_{x_m}^{X} f(x)\,dx$$
$$= lim. \left\{ \int_{x_0}^{x_1-\varepsilon\mu_1} f(x)\,dx + \int_{x_1+\varepsilon\nu_1}^{x_2-\varepsilon\mu_2} f(x)\,dx + \ldots + \int_{x_m+\varepsilon\nu_m}^{X} f(x)\,dx \right\}.$$

Si les limites $x_0$, $X$ se trouvaient elles-mêmes remplacées par $-\infty$ et $+\infty$, on aurait

$$(13) \qquad \int_{-\infty}^{+\infty} f(x)\,dx =$$
$$\lim.\left\{\int_{-\frac{1}{\varepsilon\mu}}^{x_1-\varepsilon\mu_1} f(x)\,dx + \int_{x_1+\varepsilon\nu_1}^{x_2-\varepsilon\mu_2} f(x)\,dx + \ldots + \int_{x_m+\varepsilon\nu_m}^{\frac{1}{\varepsilon\nu}} f(x)\,dx\right\},$$

$\mu$, $\nu$ désignant deux nouvelles constantes positives, mais arbitraires. Ajoutons que dans le second membre de la formule (13) on devra rétablir $X$ à la place de $\frac{1}{\varepsilon\nu}$, ou $x_0$ à la place de $-\frac{1}{\varepsilon\mu}$, si des deux quantités $x_0$, $X$, une seule devient infinie. Dans tous les cas, les valeurs des intégrales

$$(14) \qquad \int_{x_0}^{X} f(x)\,dx, \quad \int_{-\infty}^{+\infty} f(x)\,dx,$$

déduites des équations (12) et (13), pourront être, suivant la nature de la fonction $f(x)$, ou des quantités infinies, ou des quantités finies et déterminées, ou des quantités indéterminées qui dépendront des valeurs attribuées aux constantes arbitraires $\mu$, $\nu$, $\mu_1$, $\nu_1$ ... $\mu_m$, $\nu_m$.

Si dans les formules (12) et (13) on réduit à l'unité les constantes arbitraires $\mu$, $\nu$, $\mu_1$, $\nu_1$ ... $\mu_m$, $\nu_m$, on trouvera

$$(15) \quad \int_{x_0}^{X} f(x)\,dx = \lim.\left\{\int_{x_0}^{x_1-\varepsilon} f(x)\,dx + \int_{x_1+\varepsilon}^{x_2-\varepsilon} f(x)\,dx + \ldots + \int_{x_m+\varepsilon}^{X} f(x)\,dx\right\},$$

$$(16) \quad \int_{-\infty}^{+\infty} f(x)\,dx = \lim.\left\{\int_{-\frac{1}{\varepsilon}}^{x_1-\varepsilon} f(x)\,dx + \int_{x_1+\varepsilon}^{x_2-\varepsilon} f(x)\,dx + \ldots + \int_{x_m+\varepsilon}^{\frac{1}{\varepsilon}} f(x)\,dx\right\}.$$

Toutes les fois que les intégrales (14) deviennent indéterminées, les équations (15) et (16) ne fournissent pour chacune d'elles qu'une valeur particulière à laquelle nous donnerons le nom de *valeur principale*. Si l'on prend pour exemple l'intégrale (8) dont la valeur générale est indéterminée, on reconnaîtra que sa valeur principale se réduit à zéro.

# VINGT-CINQUIÈME LEÇON.

## *Intégrales définies singulières.*

Concevons qu'une intégrale relative à $x$, et dans laquelle la fonction sous le signe $\int$ est désignée par $f(x)$, soit prise entre deux limites infiniment rapprochées d'une certaine valeur particulière $a$ attribuée à la variable $x$. Si cette valeur $a$ est une quantité finie, et si la fonction $f(x)$ reste finie et continue dans le voisinage de $x=a$, alors, en vertu de la formule (19) [22.$^e$ leçon], l'intégrale proposée sera sensiblement nulle. Mais elle pourra obtenir une valeur finie différente de zéro, ou même une valeur infinie, si l'on a $a=\pm\infty$, ou bien $f(a)=\pm\infty$. Dans ce dernier cas, l'intégrale en question deviendra ce que nous appellerons une *intégrale définie singulière*. Il sera ordinairement facile d'en calculer la valeur à l'aide des formules (15) et (16) de la 23.$^e$ leçon, ainsi qu'on va le voir.

Soient $\varepsilon$ un nombre infiniment petit, et $\mu$, $\nu$ deux constantes positives, mais arbitraires. Si $a$ est une quantité finie, mais prise parmi les racines de l'équation $f(x)=\pm\infty$, et si f désigne la limite vers laquelle converge le produit $(x-a)f(x)$, tandis que son premier facteur converge vers zéro, les valeurs des intégrales singulières $\int_{a-\varepsilon}^{a-\varepsilon\mu} f(x)dx$, $\int_{a+\varepsilon\nu}^{a+\varepsilon} f(x)dx$ seront à très-peu près [en vertu de la formule (16), 23.$^e$ leçon]

$$(1)\quad \int_{a-\varepsilon}^{a-\varepsilon\mu} f(x)\,dx = \text{f}.l(\mu), \qquad (2)\quad \int_{a+\varepsilon\nu}^{a+\varepsilon} f(x)\,dx = \text{f}.l\left(\frac{1}{\nu}\right).$$

Si l'on suppose au contraire $a=\pm\infty$, en appelant f la limite vers laquelle converge le produit $xf(x)$, tandis que la variable $x$ converge vers la limite $\pm\infty$, on aura sensiblement [23.$^e$ leçon, équation (15)]

$$(3)\quad \int_{-\frac{1}{\varepsilon\mu}}^{-\frac{1}{\varepsilon}} f(x)\,dx = \text{f}.l(\mu), \qquad (4)\quad \int_{\frac{1}{\varepsilon}}^{\frac{1}{\varepsilon\nu}} f(x)\,dx = \text{f}.l\left(\frac{1}{\nu}\right).$$

Il est essentiel d'observer que la limite du produit $(x-a)f(x)$ ou $xf(x)$

dépend quelquefois du signe de son premier facteur. Ainsi, par exemple, le produit $x(x^2+x^4)^{-\frac{1}{2}}$ converge vers la limite $+1$ ou $-1$, suivant que son premier facteur, en s'approchant de zéro, reste positif ou négatif. Il suit de cette remarque que la quantité désignée par f change quelquefois de valeur dans le passage de l'équation (1) à l'équation (2), ou de l'équation (3) à l'équation (4).

La considération des intégrales définies singulières fournit le moyen de calculer la valeur générale d'une intégrale indéterminée, lorsqu'on connaît sa valeur principale. En effet, soit

$$(5) \qquad \int_{x_0}^{X} f(x)\,dx$$

l'intégrale dont il s'agit, et concevons qu'en admettant les notations de la leçon précédente, on fasse

$$(6) \quad E=\int_{x_0}^{x_1-\epsilon\mu_1} f(x)\,dx+\int_{x_1+\epsilon\nu_1}^{x_2-\epsilon\mu_2} f(x)\,dx+\ldots+\int_{x_m+\epsilon\nu_m}^{X} f(x)\,dx,$$

$$(7) \quad F=\int_{x_0}^{x_1-\epsilon} f(x)\,dx+\int_{x_1+\epsilon}^{x_2-\epsilon} f(x)\,dx+\ldots+\int_{x_m+\epsilon}^{X} f(x)\,dx.$$

Soient en outre $A=lim.E$ la valeur générale, et $B=lim.F$ la valeur principale de l'intégrale (5). La différence $A-B=lim.(E-F)$ sera équivalente à la somme des intégrales singulières

$$(8) \quad \int_{x_1-\epsilon}^{x_1-\epsilon\mu_1} f(x)\,dx,\ \int_{x_1+\epsilon}^{x_1+\epsilon\nu_1} f(x)\,dx,\ \int_{x_2-\epsilon}^{x_2-\epsilon\mu_2} f(x)\,dx \ldots \int_{x_m+\epsilon\nu_m}^{x_m+\epsilon} f(x)\,dx,$$

c'est-à-dire, à la limite dont s'approche la somme des intégrales (8), tandis que $\epsilon$ décroît indéfiniment. De plus, si l'on désigne par $f_1, f_2 \ldots f_m$ les limites vers lesquelles convergent les produits

$$(x-x_1)f(x),\ (x-x_2)f(x) \ldots (x-x_m)f(x),$$

tandis que leurs premiers facteurs convergent vers zéro, et si ces limites sont indépendantes des signes de ces premiers facteurs, on trouvera que la somme des intégrales (8) se réduit sensiblement à

$$(9) \qquad f_1 . l\left(\frac{\mu_1}{\nu_1}\right)+f_2 . l\left(\frac{\mu_2}{\nu_2}\right)+\ldots+f_m . l\left(\frac{\mu_m}{\nu_m}\right).$$

Lorsqu'on a $x_1=x_0$ ou $x_m=X$, la différence $A-B$ comprend une intégrale singulière de moins, savoir, la première ou la dernière des intégrales (8).

Lorsqu'on suppose $x_0 = -\infty$, $X = +\infty$, les équations (6) et (7) doivent être remplacées par celles qui suivent :

$$(10)\quad E = \int_{-\frac{1}{\varepsilon\mu}}^{x_1-\varepsilon\mu_1} f(x)\,dx + \int_{x_1+\varepsilon\nu_1}^{x_2-\varepsilon\mu_2} f(x)\,dx + \ldots + \int_{x_m+\varepsilon\nu_m}^{\frac{1}{\varepsilon\nu}} f(x)\,dx,$$

$$(11)\quad F = \int_{-\frac{1}{\varepsilon}}^{x_1-\varepsilon} f(x)\,dx + \int_{x_1+\varepsilon}^{x_2-\varepsilon} f(x)\,dx + \ldots + \int_{x_m+\varepsilon}^{\frac{1}{\varepsilon}} f(x)\,dx.$$

Dans la même hypothèse, il faut aux intégrales (8) ajouter les deux suivantes

$$(12)\qquad \int_{-\frac{1}{\varepsilon\mu}}^{-\frac{1}{\varepsilon}} f(x)\,dx,\quad \int_{\frac{1}{\varepsilon}}^{\frac{1}{\varepsilon\mu}} f(x)\,dx,$$

dont la somme sera sensiblement équivalente à l'expression

$$(13)\qquad \mathfrak{f}.\,l\left(\frac{\mu}{\nu}\right),$$

si le produit $x f(x)$ converge vers la limite $\mathfrak{f}$, tandis que la variable $x$ converge vers l'une des deux limites $-\infty$, $+\infty$. Si une seule des deux quantités $x_0$, $X$ devenait infinie, il ne faudrait conserver dans la différence $A - B$ qu'une seule des intégrales (12).

Lorsque pour des valeurs infiniment petites de $\varepsilon$, et pour des valeurs finies ou infiniment petites des coefficiens arbitraires $\mu$, $\nu$, $\mu_1$, $\nu_1$, ... $\mu_m$, $\nu_m$, les intégrales singulières (8) et (12), ou du moins quelques-unes d'entre elles, obtiennent ou des valeurs infinies, ou des valeurs finies, mais différentes de zéro, les intégrales $\int_{x_0}^{X} f(x)\,dx$, $\int_{-\infty}^{+\infty} f(x)\,dx$ sont évidemment infinies ou indéterminées. C'est ce qui arrive toutes les fois que les quantités $\mathfrak{f}_1$, $\mathfrak{f}_2$ ... $\mathfrak{f}_m$ ne sont pas simultanément nulles. Mais la réciproque n'est pas vraie, et il pourrait arriver que, ces quantités étant nulles toutes à-la-fois, les intégrales (8) et (12), ou du moins quelques-unes d'entre elles, obtinssent des valeurs finies différentes de zéro pour des valeurs infiniment petites des coefficiens $\mu$, $\nu$, $\mu_1$ $\nu_1$, ... $\mu_m$, $\nu_m$. Ainsi, par exemple, si l'on prend $f(x) = \frac{1}{x\,l(x)}$, le produit $x f(x)$ s'évanouira pour $x = 0$, et cependant l'intégrale singulière

$$\int_{\varepsilon}^{\varepsilon\nu} \frac{dx}{x\,l(x)} = l\left[1 + \frac{l(\nu)}{l(\varepsilon)}\right]$$

cessera de s'évanouir pour des valeurs infiniment petites de $\nu$.

Lorsque les intégrales singulières comprises dans la différence $A-B$ s'évanouissent toutes pour des valeurs infiniment petites de $\varepsilon$, quelles que soient d'ailleurs les valeurs finies ou infiniment petites attribuées aux coefficiens $\mu$, $\nu$, $\mu_1$, $\nu_1$ ... $\mu_m$, $\nu_m$, on est assuré que la valeur générale de l'intégrale (5) se réduit à une quantité finie et déterminée. Soit en effet, dans cette hypothèse, $\delta$ un nombre très-petit, et supposons $\varepsilon$ choisi de manière que pour des valeurs de $\mu$, $\nu$, $\mu_1$, $\nu_1$ ... $\mu_m$, $\nu_m$ inférieures à l'unité, chacune des intégrales (8) et (12) ait une valeur numérique inférieure à $\frac{1}{2(m+1)}\delta$. La valeur approchée de $B$, représentée par $F$, sera une quantité finie qui ne contiendra plus rien d'arbitraire ; et, si l'on attribue aux coefficiens $\mu$, $\nu$, $\mu_1$, $\nu_1$ ... $\mu_m$, $\nu_m$ des valeurs infiniment petites, $E$ s'approchera indéfiniment de $A$, en demeurant compris entre les limites $F-\delta$ $F+\delta$. $A$ sera donc compris entre les mêmes limites, et par conséquent on pourra trouver une quantité finie $F$ qui diffère de $A$ d'une quantité moindre qu'un nombre donné $\delta$. On doit en conclure que la valeur générale $A$ de l'intégrale (5) sera, dans l'hypothèse admise, une quantité finie et déterminée.

Des principes que nous venons d'établir, on déduit immédiatement la proposition suivante.

Théorème. *Pour que la valeur générale de l'intégrale* (1) *soit finie et déterminée, il est nécessaire et il suffit que celles des intégrales singulières* (8) *et* (12) *qui se trouvent comprises dans la différence $A-B$, se réduisent à zéro, pour des valeurs infiniment petites de $\varepsilon$, quelles que soient d'ailleurs les valeurs finies ou infiniment petites attribuées aux coefficiens $\mu$, $\nu$, $\mu_1$, $\nu_1$ ... $\mu_m$, $\nu_m$.*

*Exemple.* Soit $\frac{f(x)}{F(x)}$ une fraction rationnelle. Pour que l'intégrale $\int_{-\infty}^{+\infty}\frac{f(x)}{F(x)}dx$ conserve une valeur finie et déterminée, il sera nécessaire et il suffira, 1.° que l'équation $F(x)=0$ n'ait pas de racines réelles, 2.° que le degré du dénominateur $F(x)$ surpasse, au moins de deux unités, le degré du numérateur $f(x)$.

# VINGT-SIXIÈME LEÇON.

## *Intégrales indéfinies.*

Si, dans l'intégrale définie $\int_{x_0}^{X} f(x)\,dx$, on fait varier l'une des deux limites, par exemple, la quantité $X$, l'intégrale variera elle-même avec cette quantité; et, si l'on remplace la limite $X$ devenue variable par $x$, on obtiendra pour résultat une nouvelle fonction de $x$, qui sera ce qu'on appelle une intégrale prise à partir de l'*origine* $x = x_0$. Soit

(1) $$\mathscr{F}(x) = \int_{x_0}^{x} f(x)\,dx$$

cette fonction nouvelle. On tirera de la formule (19) [22.$^e$ leçon]

(2) $$\mathscr{F}(x) = (x-x_0)\,f[x_0+\theta(x-x_0)], \quad \mathscr{F}(x_0) = 0,$$

$\theta$ étant un nombre inférieur à l'unité; et de la formule (7) [23.$^e$ leçon]

$$\int_{x_0}^{x+\alpha} f(x)dx - \int_{x_0}^{x} f(x)dx = \int_{x}^{x+\alpha} f(x)dx = \alpha\,f(x+\theta\alpha), \quad \text{ou}$$

(3) $$\mathscr{F}(x+\alpha) - \mathscr{F}(x) = \alpha\,f(x+\theta\alpha).$$

Il suit des équations (2) et (3) que, si la fonction $f(x)$ est finie et continue dans le voisinage d'une valeur particulière attribuée à la variable $x$, la nouvelle fonction $\mathscr{F}(x)$ sera non-seulement finie, mais encore continue dans le voisinage de cette valeur, puisqu'à un accroissement infiniment petit de $x$ correspondra un accroissement infiniment petit de $\mathscr{F}(x)$. Donc, si la fonction $f(x)$ reste finie et continue depuis $x = x_0$ jusqu'à $x = X$, il en sera de même de la fonction $\mathscr{F}(x)$. Ajoutons que, si l'on divise par $\alpha$ les deux membres de la formule (3), on en conclura, en passant aux limites,

(4) $$\mathscr{F}'(x) = f(x).$$

Donc l'intégrale (1), considérée comme fonction de $x$, a pour dérivée la fonction $f(x)$ renfermée sous le signe $\int$ dans cette intégrale. On prouverait de la même manière que l'intégrale $\int_{x}^{X} f(x)\,dx = -\int_{X}^{x} f(x)\,dx$, considérée comme fonction de $x$, a pour dérivée $-f(x)$. On aura donc

$$(5)\qquad \frac{d}{dx}\int_{x_0}^{x} f(x)\,dx = f(x), \qquad \text{et} \qquad \frac{d}{dx}\int_{x}^{X} f(x)\,dx = -f(x).$$

Si aux diverses formules qui précèdent on réunit l'équation (6) de la 7.$^e$ leçon, il deviendra facile de résoudre les questions suivantes.

1.$^{er}$ Problème. *On demande une fonction $\varpi(x)$ dont la dérivée $\varpi'(x)$ soit constamment nulle. En d'autres termes, on propose de résoudre l'équation*

$$(6)\qquad \varpi'(x) = 0.$$

*Solution.* Si l'on veut que la fonction $\varpi(x)$ reste finie et continue depuis $x = -\infty$, jusqu'à $x = +\infty$, alors, en désignant par $x_0$ une valeur particulière de la variable $x$, on tirera de la formule (6) [ 7.$^e$ leçon ] $\varpi(x) - \varpi(x_0) = (x - x_0)\,\varpi'[x_0 + \theta(x - x_0)] = 0$, et par suite

$$(7)\qquad \varpi(x) = \varpi(x_0),$$

ou, si l'on désigne par $c$ la quantité constante $\varpi(x_0)$,

$$(8)\qquad \varpi(x) = c.$$

Donc alors la fonction $\varpi(x)$ devra se réduire à une constante, et conserver la même valeur $c$, depuis $x = -\infty$ jusqu'à $x = \infty$. On peut ajouter que cette unique valeur sera entièrement arbitraire, puisque la formule (8) vérifiera l'équation (6), quelle que soit $c$.

Si l'on permet à la fonction $\varpi(x)$ d'offrir des solutions de continuité correspondantes à diverses valeurs de $x$, et si l'on suppose que ces valeurs de $x$, rangées dans leur ordre de grandeur, soient représentées par $x_1$, $x_2$ ... $x_m$, alors l'équation (7) devra subsister seulement depuis $x = -\infty$ jusqu'à $x = x_1$, ou depuis $x = x_1$ jusqu'à $x = x_2$, &c..., ou enfin depuis $x = x_m$ jusqu'à $x = +\infty$, selon que la valeur particulière de $x$ représentée par $x_0$ sera comprise entre les limites $-\infty$ et $x_1$, ou bien entre les limites $x_1$ et $x_2$, &c..., ou enfin entre les limites $x_m$ et $\infty$. Par conséquent, il ne sera plus nécessaire que la fonction $\varpi(x)$ conserve la même valeur depuis $x = -\infty$ jusqu'à $x = +\infty$, mais seulement qu'elle demeure constante entre deux termes consécutifs de la suite

$$-\infty,\quad x_1,\quad x_2 \ldots x_m,\quad +\infty.$$

C'est ce qui arrivera, par exemple, si l'on prend

$$(9)\quad \varpi(x) = \frac{c_0 + c_m}{2} + \frac{c_1 - c_0}{2}\,\frac{x - x_1}{\sqrt{(x - x_1)^2}} + \frac{c_2 - c_1}{2}\,\frac{x - x_2}{\sqrt{(x - x_2)^2}} + \ldots + \frac{c_m - c_{m-1}}{2}\,\frac{x - x_m}{\sqrt{(x - x_m)^2}},$$

$c_0$, $c_1$, $c_2$ ... $c_m$ désignant des quantités constantes, mais arbitraires. En effet, dans ce cas, la fonction $\varpi(x)$ sera constamment égale à $c_0$ entre les limites $x = -\infty$, $x = x_1$; à $c_1$ entre les limites $x = x_1$, $x = x_2$; &c...; enfin à $c_m$ entre les limites $x = x_m$, $x = \infty$.

Si l'on veut que $\varpi(x)$ se réduise à $c_0$ pour des valeurs négatives, et à $c_1$ pour des valeurs positives de $x$, il suffira de prendre

$$(10) \qquad \varpi(x) = \frac{c_0 + c_1}{2} + \frac{c_1 - c_0}{2} \frac{x}{\sqrt{x^2}}.$$

2.$^e$ Problème. *Trouver la valeur générale de $y$ propre à vérifier l'équation*

$$(11) \qquad dy = f(x)\,dx.$$

*Solution.* Si l'on désigne par $F(x)$ une valeur particulière de l'inconnue $y$, et par $F(x) + \varpi(x)$ sa valeur générale, on tirera de la formule (11), à laquelle ces deux valeurs devront satisfaire, $F'(x) = f(x)$, $F'(x) + \varpi'(x) = f(x)$, et par suite $\varpi'(x) = 0$. D'ailleurs il résulte de la première des équations (5) qu'on satisfait à la formule (11) en prenant $y = \int_{x_0}^{x} f(x)\,dx$. Donc la valeur générale de $y$ sera

$$(12) \qquad y = \int_{x_0}^{x} f(x)\,dx + \varpi(x),$$

$\varpi(x)$ désignant une fonction propre à vérifier l'équation (6). Cette valeur générale de $y$, qui comprend, comme cas particulier, l'intégrale (1), et qui conserve la même forme, quelle que soit l'origine $x_0$ de cette intégrale, est représentée dans le calcul par la simple notation $\int f(x)dx$, et reçoit le nom d'*intégrale indéfinie*. Cela posé, la formule (11) entraîne toujours la suivante

$$(13) \qquad y = \int f(x)\,dx,$$

et réciproquement, en sorte qu'on a identiquement

$$(14) \qquad d.\int f(x)dx = f(x)dx.$$

Si la fonction $F(x)$ diffère de l'intégrale (1), la valeur générale de $y$, ou $\int f(x)dx$, pourra toujours être présentée sous la forme

$$(15) \qquad \int f(x)dx = F(x) + \varpi(x),$$

et devra se réduire à l'intégrale (1), pour une valeur particulière de $\varpi(x)$ qui vérifiera en même temps l'équation (6) et la suivante

$$(16) \qquad \mathcal{F}(x) = \int_{x_0}^{x} f(x)dx = F(x) + \varpi(x).$$

Si de plus les fonctions $f(x)$ et $F(x)$ sont l'une et l'autre continues entre les limites $x=x_0$, $x=X$, la fonction $\mathcal{F}'(x)$ sera elle-même continue et par suite $\varpi(x)=\mathcal{F}(x)-F(x)$ conservera constamment la même valeur entre ces limites, entre lesquelles on aura $\varpi(x)=\varpi(x_0)$,

$$\mathcal{F}(x)-F(x)=\mathcal{F}(x_0)-F(x_0)=-F(x_0),\quad \mathcal{F}(x)=F(x)-F(x_0),$$

(17) $$\int_{x_0}^{x} f(x)\,dx = F(x) - F(x_0).$$

Enfin, si dans l'équation (17) on pose $x=X$, on trouvera

(18) $$\int_{x_0}^{X} f(x)\,dx = F(X) - F(x_0).$$

Il résulte des équations (15), (17) et (18), qu'étant donnée une valeur particulière $F(x)$ de $y$, propre à vérifier la formule (11), on peut en déduire, 1.° la valeur de l'intégrale indéfinie $\int f(x)\,dx$, 2° celles des deux intégrales définies $\int_{x_0}^{x} f(x)\,dx$, $\int_{x_0}^{X} f(x)\,dx$, dans le cas où les fonctions $f(x)$, $F(x)$ restent continues entre les limites de ces deux intégrales.

*Exemple.* Comme on vérifie l'équation $dy=\frac{dx}{1+x^2}$ en prenant $y=\operatorname{arc\,tang} x$, et que les deux fonctions $\frac{1}{1+x^2}$, $\operatorname{arc\,tang} x$, restent finies et continues entre les limites $x=-\infty$, $x=\infty$, on tirera des formules (15), (17) et (18)

$$\int \frac{dx}{1+x^2}=\operatorname{arc\,tang} x+\varpi(x),\ \int_0^{x} \frac{dx}{1+x^2}=\operatorname{arc\,tang} x,\ \int_0^{1} \frac{dx}{1+x^2}=\frac{\pi}{4}=0{,}785\ldots$$

*Nota.* Lorsque dans l'équation (17) on veut étendre la valeur de $x$ au-delà d'une limite qui rend la fonction $f(x)$ discontinue, il faut ordinairement ajouter au second membre une ou plusieurs intégrales singulières.

*Exemple.* Comme on satisfait à l'équation $dy=\frac{dx}{x}$ en prenant $y=\frac{1}{2}l(x^2)$, si l'on désigne par $\varepsilon$ un nombre infiniment petit, et par $\mu$, $\nu$ deux coefficiens positifs, on trouvera, pour $x<0$,

$$\int_{-1}^{x} \frac{dx}{x}=\tfrac{1}{2}l(x^2)-\tfrac{1}{2}l(1)=\tfrac{1}{2}l(x^2);\quad \text{et pour } x>0,$$

$$\int_{-1}^{x} \frac{dx}{x}=\int_{-1}^{-\mu\varepsilon} \frac{dx}{x}+\int_{\nu\varepsilon}^{x} \frac{dx}{x}=\tfrac{1}{2}l(x^2)-\tfrac{1}{2}l(1)+l\left(\frac{\mu}{\nu}\right)$$

$$=\tfrac{1}{2}l(x^2)+\int_{-1}^{-\mu\varepsilon} \frac{dx}{x}+\int_{\varepsilon}^{1} \frac{dx}{x}.$$

# VINGT-SEPTIÈME LEÇON.

*Propriétés diverses des Intégrales indéfinies. Méthodes pour déterminer les Valeurs de ces mêmes intégrales.*

D'APRÈS ce qui a été dit dans la leçon précédente, l'intégrale indéfinie

(1) $$\int f(x)\,dx$$

n'est autre chose que la valeur générale de l'inconnue $y$ assujettie à vérifier l'équation différentielle

(2) $$dy = f(x)\,dx.$$

De plus, étant donnée une valeur particulière $F(x)$ de la même inconnue, il suffira, pour obtenir la valeur générale, d'ajouter à $F(x)$ une fonction $\varpi(x)$ propre à vérifier l'équation $\varpi'(x) = 0$, ou, ce qui revient au même, une expression algébrique qui ne puisse admettre qu'un nombre fini de valeurs constantes, dont chacune subsiste entre certaines limites assignées à la variable $x$. Pour abréger, nous désignerons dorénavant par la lettre $\mathcal{C}$ une expression de cette nature, et nous l'appellerons *constante arbitraire*, ce qui ne voudra pas dire qu'elle doive toujours conserver la même valeur, quel que soit $x$. Cela posé, on aura

(3) $$\int f(x)\,dx = F(x) + \mathcal{C}.$$

Quand on remplace la fonction $F(x)$ par l'intégrale définie $\int_{x_0}^{x} f(x)\,dx$ qui est elle-même une valeur particulière de $y$, la formule (3) se réduit à

(4) $$\int f(x)\,dx = \int_{x_0}^{x} f(x)\,dx + \mathcal{C}.$$

En étendant la définition que nous avons donnée de l'intégrale (1) au cas où la fonction $f(x)$ est supposée imaginaire, on reconnaîtra facilement que, dans cette hypothèse, les équations (3) et (4) subsistent encore. Seulement, la constante arbitraire $\mathcal{C}$ devient alors imaginaire en même temps que $f(x)$, c'est-à-dire, qu'elle prend la forme $\mathcal{C}_1 + \mathcal{C}_2\sqrt{-1}$, $\mathcal{C}_1$ et $\mathcal{C}_2$ désignant deux constantes arbitraires, mais réelles.

Avant d'aller plus loin, il importe d'observer qu'en formant la somme ou la différence, ou même une fonction linéaire quelconque de deux ou de plusieurs constantes arbitraires, on obtient pour résultat une nouvelle constante arbitraire.

Plusieurs propriétés remarquables des intégrales indéfinies se déduisent facilement de l'équation (4) combinée avec les formules (13) [22.e leçon] et (2), (3), (4), (5) [23.e leçon]. En effet, si, après avoir remplacé $X$ par $x$ dans les deux membres de chacune de ces formules, on ajoute aux intégrales qu'ils renferment des constantes arbitraires, on trouvera, en désignant par $a$, $b$, $c$ ... des constantes supposées connues, et par $u$, $v$, $w$ ... des fonctions de la variable $x$,

(5) $$\int au\,dx = a\int u\,dx,$$

(6) $$\begin{cases} \int (u+v+w\ldots)\,dx = \int u\,dx + \int v\,dx + \int w\,dx + \ldots, & \int (u-v)\,dx = \int u\,dx - \int v\,dx, \\ \int (au+bv+cw\ldots)\,dx = a\int u\,dx + b\int v\,dx + c\int w\,dx + \ldots, & \int (u+v\sqrt{-1})\,dx = \int u\,dx + \sqrt{-1}\int v\,dx. \end{cases}$$

Ces équations subsistent dans le cas même où $a$, $b$, $c$ ... $u$, $v$, $w$ ... deviennent imaginaires.

*Intégrer* la formule différentielle $f(x)dx$, ou, en d'autres termes, *intégrer* l'équation (2), c'est trouver la valeur de l'intégrale indéfinie $\int f(x)dx$. L'opération par laquelle on y parvient est une *intégration indéfinie*. L'*intégration définie* consisterait à trouver la valeur d'une intégrale définie, telle que $\int_{x_0}^{X} f(x)dx$. Nous allons maintenant faire connaître les quatre principales méthodes à l'aide desquelles on peut effectuer, dans certains cas, la première de ces deux opérations.

*Intégration immédiate.* Lorsque dans la formule $f(x)dx$ on reconnaît la différentielle exacte d'une fonction déterminée $F(x)$, la valeur de l'intégrale indéfinie $\int f(x)dx$ se déduit immédiatement de l'équation (3). On étend le nombre des cas auxquels cette espèce d'intégration est applicable, en observant que les facteurs constans renfermés dans $f(x)$ peuvent être placés à volonté en dedans ou en dehors du signe $\int$ [*voyez* l'équation (5)].

*Exemples.* $\int a\,dx = ax + C$, $\int (a+1)x^a dx = x^{a+1} + C$, $\int x^a dx = \frac{x^{a+1}}{a+1} + C$,

$\int x\,dx = \frac{1}{2}x^2 + C$, $\int \frac{dx}{x^2} = -\frac{1}{x} + C$, $\int \frac{dx}{x^m} = -\frac{1}{(m-1)x^{m-1}} + C$, $\int \frac{dx}{\sqrt{x}} = 2\sqrt{x} + C$,

$\int \frac{dx}{x} = \frac{1}{2} l(x^2) + C$, $\int \frac{dx}{1+x^2} = \text{arc tang}\, x + C$, $\int \frac{dx}{\sqrt{1-x^2}} = \text{arc sin}\, x + C = C + \frac{1}{2}\pi - \text{arc cos}\, x$,

$\int e^x dx = e^x + C$, $\int A^x (lA) dx = A^x + C$, $\int A^x dx = \frac{A^x}{l(A)} + C$,

$\int \cos x\, dx = \sin x + C$, $\int \sin x\, dx = -\cos x + C$, $\int \frac{dx}{\cos^2 x} = \text{tang}\, x + C$, $\int \frac{dx}{\sin^2 x} = -\cot x + C$.

*Intégration par substitution.* Concevons qu'à la variable $x$ on substitue une autre variable $z$ liée à la première par une équation de laquelle on tire $z = \varphi(x)$ et $x = \chi(z)$. La formule (2) se trouvera remplacée par la suivante

(7) $$dy = f[\chi(z)] \cdot \chi'(z)\, dz.$$

Si l'on fait, pour abréger, $f[\chi(z)] \cdot \chi'(z) = \mathfrak{f}(z)$, la valeur générale de $y$ tirée de l'équation (7) sera représentée par l'intégrale indéfinie $\int \mathfrak{f}(z)\, dz$. D'ailleurs, cette valeur générale doit coïncider avec l'intégrale (1). Donc, si, en vertu de la relation établie entre $x$ et $z$, on a identiquement

(8) $$f(x)\, dx = \mathfrak{f}(z)\, dz,$$

on en conclura

(9) $$\int f(x)\, dx = \int \mathfrak{f}(z)\, dz.$$

Supposons maintenant que la valeur de $\int \mathfrak{f}(z)\, dz$ soit donnée par une équation de la forme

(10) $$\int \mathfrak{f}(z)\, dz = \mathfrak{F}(z) + C;$$

on tirera de cette équation

(11) $$\int f(x)\, dx = \mathfrak{F}[\varphi(x)] + C.$$

*Exemples.* En admettant la formule (10), et posant successivement $x \pm a = z$, $ax = z$, $\frac{x}{a} = z$, $x^2 + a^2 = z$, $l(x) = z$, $e^x = z$, $\sin x = z$, $\cos x = z$, on tirera de la formule (11) combinée avec l'équation (5)

$\int \mathfrak{f}(x \pm a)\, dx = \mathfrak{F}(x \pm a) + C$, $\int \mathfrak{f}(ax)\, dx = \frac{1}{a} \mathfrak{F}(ax) + C$, $\int \mathfrak{f}\left(\frac{x}{a}\right) dx = a \mathfrak{F}\left(\frac{x}{a}\right) + C$,

$\int x \mathfrak{f}(x^2 + a^2)\, dx = \frac{1}{2} \mathfrak{F}(x^2 + a^2) + C$, $\int x^{a-1} \mathfrak{f}(x^a)\, dx = \frac{1}{a} \mathfrak{F}(x^a) + C$, $\int \mathfrak{f}(lx) \frac{dx}{x} = \mathfrak{F}(lx) + C$,

$\int e^x \mathfrak{f}(e^x)\, dx = \mathfrak{F}(e^x) + C$, $\int \cos x\, \mathfrak{f}(\sin x)\, dx = \mathfrak{F}(\sin x) + C$, $\int \sin x\, \mathfrak{f}(\cos x)\, dx = -\mathfrak{F}(\cos x) + C$.

Ces dernières formules étant combinées à leur tour avec celles qui résultent de l'intégration immédiate, on trouvera

$\int \frac{dx}{x-a} = \frac{1}{2} l(x-a)^2 + C$, $\int \frac{dx}{(x-a)^m} = -\frac{1}{(m-1)(x-a)^{m-1}} + C$, $\int \frac{dx}{1+a^2x^2} = \frac{1}{a} \text{arc tang}(ax) + C$,

$\int \frac{dx}{x^2+a^2} = \frac{1}{a^2} \int \frac{dx}{1+\left(\frac{x}{a}\right)^2} = \frac{1}{a} \text{arc tang}\left(\frac{x}{a}\right) + C$, $\int \frac{x\, dx}{x^2+a^2} = \frac{1}{2} l(x^2+a^2) + C$, $\int \frac{x\, dx}{\sqrt{x^2+a^2}} = \sqrt{x^2+a^2} + C$.

$\int e^{ax}dx = \frac{1}{a}e^{ax}+C$, $\int e^{-ax}dx = -\frac{1}{a}e^{-ax}+C$, $\int \cos ax\,dx = \frac{1}{a}\sin ax + C$, $\int \sin ax\,dx = -\frac{1}{a}\cos ax + C$,

$\int \frac{l(x)}{x}dx = \frac{1}{2}[l(x)]^2 + C$, $\int \frac{dx}{x\,l(x)} = l\,l(x) + C$, $\int \frac{dx}{x(lx)^m} = \frac{1}{(m-1)(lx)^{m-1}} + C$,

$\int \frac{e^x dx}{e^{2x}+1} = \text{arc tang}(e^x) + C$, $\int \frac{\sin x\,dx}{\cos^2 x} = \frac{1}{\cos x} + C = \text{séc}\,x + C$, $\int \frac{\cos x\,dx}{\sin^2 x} = -\frac{1}{\sin x} + C$.

*Intégration par décomposition.* Cette espèce d'intégration s'effectue à l'aide des formules (6), lorsque la fonction sous le signe $\int$ peut être décomposée en plusieurs parties de telle manière que chaque partie, multipliée par $dx$, donne pour produit une expression facilement intégrable. Elle s'applique particulièrement au cas où la fonction sous le signe $\int$ se réduit, soit à une fonction entière, soit à une fraction rationnelle.

*Exemples.* $\int \frac{dx}{\sin^2 x \cos^2 x} = \int \frac{\sin^2 x + \cos^2 x}{\sin^2 x \cos^2 x}dx = \int \frac{dx}{\cos^2 x} + \int \frac{dx}{\sin^2 x} = \text{tang}\,x - \cot x + C$,

$\int (a + bx + cx^2 + \ldots)dx = a\int dx + b\int x\,dx + c\int x^2 dx + \ldots = ax + b\frac{x^2}{2} + c\frac{x^3}{3} + \ldots + C$.

*Intégration par parties.* Soient $u$ et $v$ deux fonctions différentes de $x$, et $u'$, $v'$ leurs dérivées respectives. $uv$ sera une valeur particulière de $y$, propre à vérifier l'équation différentielle $dy = u\,dv + v\,du = uv'dx + vu'dx$, de laquelle on tirera généralement

$$y = uv + C = \int uv'dx + \int vu'dx = \int u\,dv + \int v\,du,$$

et par suite $\int u\,dv = uv - (\int v\,du - C)$, ou plus simplement

$$(12) \qquad \int u\,dv = uv - \int v\,du,$$

la constante arbitraire $-C$ pouvant être être censée comprise dans l'intégrale $\int v\,du$.

*Exemples.* $\int l(x)dx = x\,l(x) - \int x\frac{dx}{x} = x[l(x) - 1] + C$, $\int x e^x dx = e^x(x-1) + C$,

$\int x\cos x\,dx = x\sin x + \cos x + C$, $\int x\sin x\,dx = -x\cos x + \sin x + C$, &c...

*Nota.* Il est essentiel d'observer que les constantes arbitraires, qui sont censées comprises dans les intégrales indéfinies que renferment les deux membres de l'équation (12), peuvent avoir des valeurs numériques très-différentes. Cette remarque suffit pour rendre raison de la formule

$$\int \frac{dx}{x\,l(x)} = 1 + \int \frac{dx}{x\,l(x)}$$

à laquelle on parvient, en posant dans l'équation (12) $u = \frac{1}{l(x)}$ et $v = l(x)$.

# VINGT-HUITIÈME LEÇON.

## *Sur les Intégrales indéfinies qui renferment des Fonctions algébriques.*

On appelle fonctions *algébriques* celles que l'on forme en n'employant que les premières opérations de l'algèbre, savoir, l'addition, la soustraction, la multiplication, la division, et l'élévation des variables à des puissances fixes. Les fonctions algébriques d'une variable sont *rationnelles*, lorsqu'elles contiennent seulement des puissances entières de cette variable, c'est-à-dire, lorsqu'elles se réduisent à des fonctions entières ou à des fractions rationnelles. Elles sont *irrationnelles* dans le cas contraire.

Cela posé, concevons que, $f(x)$ désignant une fonction algébrique de $x$, on cherche la valeur de l'intégrale indéfinie $\int f(x)dx$. Si la fonction $f(x)$ est rationnelle, on décomposera le produit $f(x)dx$ en plusieurs termes qui se présenteront sous l'une des formes

$$(1) \qquad Ax^m dx,\ \frac{A\,dx}{x-a},\ \frac{A\,dx}{(x-a)^m},\ \frac{(A\mp B\sqrt{-1})\,dx}{x-\alpha\mp\beta\sqrt{-1}},\ \frac{(A\mp B\sqrt{-1})\,dx}{(x-\alpha\mp\beta\sqrt{-1})^m},$$

$a$, $\alpha$, $\beta$, $A$, $B$ désignant des constantes réelles, et $m$ un nombre entier; puis l'on intégrera ces différens termes à l'aide des équations

$$\int Ax^m dx = A\frac{x^{m+1}}{m+1}+C,\ \int\frac{A\,dx}{x-a}=\tfrac{1}{2}A\,l(x-a)^2+C,\ \int\frac{A\,dx}{(x-a)^m}=-\frac{A}{(m-1)(x-a)^{m-1}}+C,$$

$$\int\frac{(A\mp B\sqrt{-1})\,dx}{x-\alpha\mp\beta\sqrt{-1}}=(A\mp B\sqrt{-1})\int\frac{(x-\alpha)\,dx}{(x-\alpha)^2+\beta^2}+(B\pm A\sqrt{-1})\int\frac{\beta\,dx}{(x-\alpha)^2+\beta^2}$$

$$=\tfrac{1}{2}(A\mp B\sqrt{-1})\,l[(x-\alpha)^2+\beta^2]+(B\pm A\sqrt{-1})\operatorname{arc\,tang}\frac{x-\alpha}{\beta}+C,$$

$$\int\frac{(A\mp B\sqrt{-1})\,dx}{(x-\alpha\mp\beta\sqrt{-1})^m}=-\frac{A\mp B\sqrt{-1}}{(m-1)(x-\alpha\mp\beta\sqrt{-1})^{m-1}}+C,$$

dont les premières se déduisent des principes établis dans la leçon précédente, et dont la dernière, tirée par induction de la troisième, peut être *à posteriori* facilement vérifiée.

*Exemples.* $\int\left(\frac{A-B\sqrt{-1}}{x-\alpha-\beta\sqrt{-1}}+\frac{A+B\sqrt{-1}}{x-\alpha+\beta\sqrt{-1}}\right)dx=A\,l[(x-\alpha)^2+\beta^2]+2B\operatorname{arc\,tang}\frac{x-\alpha}{\beta}+C,$

$$\int\frac{dx}{x^2-1}=\int\frac{1}{2}\left(\frac{1}{x-1}-\frac{1}{x+1}\right)dx=\frac{1}{4}l\left(\frac{x-1}{x+1}\right)^2+\mathcal{C},\ \int\frac{x\,dx}{x^2+1}=\frac{1}{2}l(x^2+1)+\mathcal{C},$$

$$\int\frac{dx}{x^3-1}=\int\frac{1}{3}\left(\frac{1}{x-1}-\frac{x+2}{x^2+x+1}\right)dx=\frac{1}{6}l\left[\frac{(x-1)^2}{x^2+x+1}\right]-\frac{1}{\sqrt{3}}\operatorname{arc\,tang}\frac{2x+1}{\sqrt{3}}+\mathcal{C},\ \&c.$$

Lorsque la fonction $f(x)$, sans cesser d'être algébrique, devient irrationnelle, il n'y a plus de règles générales au moyen desquelles on puisse calculer en termes finis la valeur de $\int f(x)dx$. À la vérité, il suffirait, pour y parvenir, de substituer à la variable $x$ une seconde variable $z$ tellement choisie que l'expression $f(x)dx$ se trouvât transformée en une autre $\mathrm{f}(z)dz$, dans laquelle la fonction $\mathrm{f}(z)$ fût rationnelle. Mais on n'a point de méthode sûre pour opérer une semblable transformation, si ce n'est dans un petit nombre de cas particuliers que nous allons faire connaître.

Soit d'abord $\mathrm{f}(x, z)$ une fonction rationnelle de $x$ et de $z$, $z$ étant une fonction irrationnelle de $x$, déterminée par une équation algébrique d'un degré quelconque par rapport à $z$, mais du premier degré par rapport à $x$. Pour rendre rationnelle et intégrable la formule différentielle $\mathrm{f}(x, z)dx$, il suffira évidemment de substituer la variable $z$ à la variable $x$. On doit sur-tout remarquer le cas où la valeur de $z$ est fournie, soit par l'une des équations binomes

$$(2)\qquad z^n-(ax+b)=0,\quad (a_0x+b_0)z^n-(a_1x+b_1)=0,$$

soit par l'équation du second degré

$$(3)\qquad (a_0x+b_0)z^2-2(a_1x+b_1)z-(a_2x+b_2)=0,$$

$a$, $b$, $a_0$, $b_0$, $a_1$, $b_1$, $a_2$, $b_2$ étant des constantes réelles, et $n$ un nombre entier quelconque. Comme on satisfait aux équations (2), en posant $z=(ax+b)^{\frac{1}{n}}$, ou $z=\left(\frac{a_1x+b_1}{a_0x+b_0}\right)^{\frac{1}{n}}$, et à l'équation (3), en posant

$$z=\frac{a_1x+b_1+\sqrt{(a_1x+b_1)^2+(a_0x+b_0)(a_2x+b_2)}}{a_0x+b_0};$$

il en résulte qu'on rend intégrable la formule

$$(4)\qquad \mathrm{f}\left[x, (ax+b)^{\frac{1}{n}}\right]dx\quad \text{ou}\quad \mathrm{f}\left[x, \left(\frac{a_1x+b_1}{a_0x+b_0}\right)^{\frac{1}{n}}\right]dx,$$

en égalant à $z$ le radical qu'elle renferme, et les deux formules

$$(5)\quad\left\{\begin{array}{l}\mathrm{f}\left[x,\ \dfrac{a_1x+b_1+\sqrt{(a_1x+b_1)^2+(a_0x+b_0)(a_2x+b_2)}}{a_0x+b_0}\right]dx,\\ \mathrm{f}\left[x,\ \sqrt{(a_1x+b_1)^2+(a_0x+b_0)(a_2x+b_2)}\right]dx,\end{array}\right.$$

en $y$ substituant la valeur de $x$ en $z$ tirée de l'équation (3), ou, ce qui revient au même, de la suivante

(6) $$\sqrt{(a_1x+b_1)^2+(a_0x+b_0)(a_2x+b_2)}=(a_0x+b_0)z-(a_1x+b_1).$$

Concevons maintenant qu'il s'agisse de rendre intégrable l'expression

(7) $$f\left[x,\ \sqrt{Ax^2+Bx+C}\right]dx,$$

$A$, $B$, $C$ étant des constantes réelles. Il suffira évidemment d'employer l'équation (6), après avoir réduit le trinome $Ax^2+Bx+C$ à la forme $(a_1x+b_1)^2+(a_0x+b_0)(a_2x+b_2)$. Or, on peut effectuer cette réduction d'une infinité de manières, en choisissant un binome $a_1x+b_1$ tel que la différence $Ax^2+Bx+C-(a_1x+b_1)^2$ soit décomposable en facteurs réels du premier degré, c'est-à-dire, tel que l'on ait

(8) $$Ab_1^2+Ca_1^2-Ba_1b_1+\tfrac{1}{4}B^2-AC>0.$$

En cherchant les valeurs les plus simples de $a_1$ et de $b_1$ propres à remplir cette dernière condition, on trouvera, 1.° si $\frac{1}{4}B^2-AC$ est positif, $a_1=0$, $b_1=0$; 2.° si $A$ est positif, $a_1=A^{\frac{1}{2}}$, $b_1=0$; 3.° si $C$ est positif, $b_1=C^{\frac{1}{2}}$, $a_1=0$. De plus, comme on aura

$$Ax^2+Bx+C-(A^{\frac{1}{2}}x)^2=1\times(Bx+C) \quad\text{et}\quad Ax^2+Bx+C-(C^{\frac{1}{2}})^2=x(Ax+B),$$

on pourra prendre dans le second cas $a_0x+b_0=1$, et dans le troisième $a_0x+b_0=x$. En résumé, si $Ax^2+Bx+C$ est le produit de deux facteurs réels $a_0x+b_0$, $a_2x+b_2$, on rendra la formule (7) rationnelle, en posant

(9) $$\sqrt{(a_0x+b_0)(a_2x+b_2)}=(a_0x+b_0)z \quad\text{ou}\quad \frac{a_2x+b_2}{a_0x+b_0}=z^2.$$

Dans le cas contraire, le radical $\sqrt{(Ax^2+Bx+C)}$ ne pourra être une quantité réelle, à moins que les deux coefficiens $A$ et $C$ ne soient positifs. Dans tous les cas, on rendra l'expression (17) rationnelle, en supposant

(10) $$\begin{cases} \text{si } A \text{ est positif} \ldots\ldots\ldots\ldots & \sqrt{(Ax^2+Bx+C)}=z-A^{\frac{1}{2}}x, \\ \text{et, si } C \text{ est positif, } \sqrt{(Ax^2+Bx+C)}=xz-C^{\frac{1}{2}} & \text{ou } \sqrt{\left(A+B\frac{1}{x}+C\frac{1}{x^2}\right)}=z-C^{\frac{1}{2}}\frac{1}{x}. \end{cases}$$

Il est aisé de vérifier *à posteriori* ces diverses conséquences de la formule (16).

*Exemples.* On tirera de la première des équations (10)

$$\int\frac{dx}{\sqrt{(Ax^2+Bx+C)}}=\int\frac{dz}{A^{\frac{1}{2}}z+\frac{1}{2}B}=\frac{l\left(Ax+\frac{1}{2}B+A^{\frac{1}{2}}\sqrt{Ax^2+Bx+C}\right)}{A^{\frac{1}{2}}}+\mathcal{C},$$

$\int \frac{dx}{\sqrt{x^2+1}} = l(x+\sqrt{x^2+1})+\mathcal{C}$, $\int \frac{dx}{\sqrt{x^2-1}} = l(x+\sqrt{x^2-1})+\mathcal{C}$, &c...

Il importe d'observer que, si l'on désigne par $f(u, v, w\ldots)$ une fonction entière des variables $u$, $v$, $w\ldots$, et par $p$, $q$, $r\ldots$ des diviseurs du nombre entier $n$, les expressions différentielles

$$(11)\quad f\left[x, (ax+b)^{\frac{1}{p}}, (ax+b)^{\frac{1}{q}}, (ax+b)^{\frac{1}{r}}\ldots\right]dx,\ f\left[x, \left(\frac{a_1x+b_1}{a_0x+b_0}\right)^{\frac{1}{p}}, \left(\frac{a_1x+b_1}{a_0x+b_0}\right)^{\frac{1}{q}}\ldots\right]dx$$

seront de la même forme que les expressions (4), et pourront être intégrées de la même manière. Ainsi l'on trouvera, en posant $x=z^6$,

$$\int\left(x^{\frac{1}{2}}+x^{\frac{2}{3}}\right)^{-1}dx = 6\int\frac{z^2\,dz}{1+z} = 6\left[\tfrac{1}{2}z^2 - z + \tfrac{1}{2}l(1+z)^2\right]+\mathcal{C},$$

Ajoutons que l'on réduira immédiatement les expressions différentielles

$$(12)\quad f\left[x^{\mu}, (ax^{\mu}+b)^{\frac{1}{n}}\right].x^{\mu-1}dx,\ f\left[x^{\mu}, \left(\frac{a_1x^{\mu}+b_1}{a_0x^{\mu}+b_0}\right)^{\frac{1}{n}}\right].x^{\mu-1}dx,$$

[$\mu$ désignant une constante quelconque] aux formules (4), et l'expression

$$(13)\qquad f\left[x, (a_0x+b_0)^{\frac{1}{2}}, (a_1x+b_1)^{\frac{1}{2}}\right].dx$$

à la formule (7), en posant dans les expressions (12) $x^{\mu}=y$, et dans l'expression (13) $a_0x+b_0=y^2$.

*Exemples.* On intègre $\frac{x^{2m+1}}{\sqrt{(x^2-1)}}dx$, en posant $x^2=y$, $y-1=z^2$, ou simplement $x^2-1=z^2$; et $\frac{dx}{(x-1)^{\frac{1}{2}}+(x+1)^{\frac{1}{2}}}$, en posant $x-1=y^2$, puis $(y^2+2)^{\frac{1}{2}}=z-y$, ou simplement $(x-1)^{\frac{1}{2}}+(x+1)^{\frac{1}{2}}=z$.

En terminant cette leçon, nous ferons remarquer que, dans tous les cas où l'on parvient à calculer la valeur d'une intégrale indéfinie qui renferme une fonction algébrique, cette valeur se compose de plusieurs termes dont chacun se présente sous l'une des formes

$$(14)\qquad f(x),\quad A.l[f(x)],\quad A.\text{arc tang}\, f(x),$$

$f(x)$ désignant une fonction algébrique de $x$, et $A$ une quantité constante. Les expressions arc sin $x$ = arc tang $\frac{x}{\sqrt{1-x^2}}$, arc cos $x$, et autres semblables sont évidemment comprises sous la dernière des trois formes que nous venons d'indiquer.

# VINGT-NEUVIÈME LEÇON.

## *Sur l'Intégration et la Réduction des Différentielles binomes, et de quelques autres Formules différentielles du même genre.*

SOIENT $a, b, a_1, b_1, \lambda, \mu, \nu$ des constantes réelles, $y$ une quantité variable, et faisons $y^\lambda = x$. L'expression $(ay^\lambda + b)^\mu dy$, dans laquelle $dx$ a pour coefficient une puissance du binome $ay^\lambda + b$, sera ce qu'on appelle une *différentielle binome*, et l'intégrale indéfinie

$$(1) \qquad \int (ay^\lambda + b)^\mu dy = \frac{1}{\lambda} \int (ax + b)^\mu x^{\frac{1}{\lambda} - 1} dx$$

sera le produit de $\frac{1}{\lambda}$ par une autre intégrale comprise dans la formule générale

$$(2) \qquad \int (ax + b)^\mu (a_1 x + b_1)^\nu dx,$$

dont nous allons maintenant nous occuper.

On détermine facilement l'intégrale (2), lorsque les valeurs numériques des exposans $\mu$, $\nu$ et de leur somme $\mu + \nu$ se réduisent à trois nombres rationnels, dont l'un est un nombre entier. En effet, désignons par $l$, $m$, $n$ des nombres entiers quelconques. Pour intégrer les expressions différentielles

$$(ax+b)^{\pm l} (a_1 x + b_1)^{\pm \frac{m}{n}} dx, \quad (ax+b)^{\pm \frac{m}{n}} (a_1 x + b_1)^{\pm l} dx, \quad (ax+b)^{\pm \frac{m}{n}} (a_1 x + b_1)^{\pm l \mp \frac{m}{n}} dx,$$

il suffira de poser successivement [*voyez* la 28.<sup></sup>e leçon]

$$a_1 x + b_1 = z^n, \quad ax + b = z^n, \quad \frac{ax + b}{a_1 x + b_1} = z^n.$$

La formule $(ax + b)^\mu (a_1 x + b_1)^\nu dx$ n'étant pas toujours intégrable, il est bon de faire voir comment on peut ramener la détermination de l'intégrale (2) à celle de plusieurs autres intégrales de même espèce, mais dans lesquelles les exposans des binomes $ax + b$, $a_1 x + b_1$ ne soient plus les mêmes. Pour y parvenir de la manière la plus directe, on aura recours à l'équation (12) [27.e leçon] que l'on présentera sous la forme

$$(3)\qquad \int uv\,.\tfrac{1}{2}\,dl(v^2) = uv - \int uv\,.\tfrac{1}{2}\,dl(u^2)\,;$$

puis l'on supposera les fonctions $u$ et $v$ respectivement proportionnelles à certaines puissances de deux des trois quantités

$$(4)\qquad ax+b,\quad a_1x+b_1,\quad \frac{ax+b}{a_1x+b_1}.$$

Comme ces trois quantités, combinées deux à deux, offrent six combinaisons différentes, on voit que la formule (3) donnera naissance à six équations distinctes. On simplifiera le calcul, en opérant comme si $u$ et $v$ devaient toujours rester positives, et réduisant en conséquence la formule (3) à cette autre

$$(5)\qquad \int uv\,.dl(v) = uv - \int uv\,.dl(u),$$

puis ayant égard aux équations

$$dl(ax+b) = \frac{a\,dx}{ax+b},\quad dl(a_1x+b_1) = \frac{a_1\,dx}{a_1x+b_1},\quad dl\left(\frac{ax+b}{a_1x+b_1}\right) = \frac{(ab_1-a_1b)\,dx}{(ax+b)(a_1x+b_1)},$$

desquelles on tirera la valeur de $dx$ pour la substituer dans l'intégrale (2). Concevons que, pour abréger, on désigne par $A$ cette même intégrale. On trouvera,

1.° en supposant $u$ proportionnel à une puissance de $ax+b$, et $v$ à une puissance de $a_1x+b_1$,

$$A = \int \frac{(ax+b)^\mu (a_1x+b_1)^{\nu+1}}{a_1}\,dl(a_1x+b_1) = \int \frac{(ax+b)^\mu}{(\nu+1)a_1}(a_1x+b_1)^{\nu+1}\,dl(a_1x+b_1)^{\nu+1}$$
$$= \frac{(ax+b)^\mu (a_1x+b_1)^{\nu+1}}{(\nu+1)a_1} - \int \frac{(ax+b)^\mu (a_1x+b_1)^{\nu+1}}{(\nu+1)a_1}\,dl(ax+b)^\mu,$$

$$(6)\quad \int (ax+b)^\mu (a_1x+b_1)^\nu dx = \frac{(ax+b)^\mu (a_1x+b_1)^{\nu+1}}{(\nu+1)a_1} - \frac{\mu a}{(\nu+1)a_1}\int (ax+b)^{\mu-1}(a_1x+b_1)^{\nu+1}dx,$$

2.° en supposant $u$ proportionnel à une puissance de $a_1x+b_1$, et $v$ à une puissance de $ax+b$,

$$(7)\quad \int (ax+b)^\mu (a_1x+b_1)^\nu dx = \frac{(ax+b)^{\mu+1}(a_1x+b_1)^\nu}{(\mu+1)a} - \frac{\nu a_1}{(\mu+1)a}\int (ax+b)^{\mu+1}(a_1x+b_1)^{\nu-1}dx,$$

3.° en supposant $u$ proportionnel à une puissance de $\frac{ax+b}{a_1x+b_1}$, et $v$ à une puissance de $a_1x+b_1$,

$$A = \int \frac{(ax+b)^{\mu}(a_1x+b_1)^{\nu+1}}{a_1}\, dl(a_1x+b_1) = \int \left(\frac{ax+b}{a_1x+b_1}\right)^{\mu} \frac{(a_1x+b_1)^{\mu+\nu+1}}{(\mu+\nu+1)a_1}\, dl(a_1x+b_1)^{\mu+\nu+1}$$

$$= \frac{(ax+b)^{\mu}(a_1x+b_1)^{\nu+1}}{(\mu+\nu+1)a_1} - \int \frac{(ax+b)^{\mu}(a_1x+b_1)^{\nu+1}}{(\mu+\nu+1)a_1}\, dl\left(\frac{ax+b}{a_1x+b_1}\right)^{\mu},$$

$$(8)\quad \int (ax+b)^{\mu}(a_1x+b_1)^{\nu}dx = \frac{(ax+b)^{\mu}(a_1x+b_1)^{\nu+1}}{(\mu+\nu+1)a_1} - \frac{\mu(ab_1-a_1b)}{(\mu+\nu+1)a_1}\int (ax+b)^{\mu-1}(a_1x+b_1)^{\nu}dx,$$

4.° en supposant $u$ proportionnel à une puissance de $\frac{a_1x+b_1}{ax+b}$, et $v$ à une puissance de $ax+b$,

$$(9)\quad \int (ax+b)^{\mu}(a_1x+b_1)^{\nu}dx = \frac{(ax+b)^{\mu+1}(a_1x+b_1)^{\nu}}{(\mu+\nu+1)a} - \frac{\nu(a_1b-ab_1)}{(\mu+\nu+1)a}\int (ax+b)^{\mu}(a_1x+b_1)^{\nu-1}dx,$$

5.° en supposant $u$ proportionnel à une puissance de $a_1x+b_1$, et $v$ à une puissance de $\frac{ax+b}{a_1x+b_1}$,

$$A = \int \frac{(ax+b)^{\mu+1}(a_1x+b_1)^{\nu+1}}{ab_1-a_1b}\, dl\left(\frac{ax+b}{a_1x+b_1}\right) = \int \frac{(a_1x+b_1)^{\mu+\nu+2}}{(\mu+1)(ab_1-a_1b)}\left(\frac{ax+b}{a_1x+b_1}\right)^{\mu+1} dl\left(\frac{ax+b}{a_1x+b_1}\right)^{\mu+1}$$

$$= \frac{(ax+b)^{\mu+1}(a_1x+b_1)^{\nu+1}}{(\mu+1)(ab_1-a_1b)} - \int \frac{(ax+b)^{\mu+1}(a_1x+b_1)^{\nu+1}}{(\mu+1)(ab_1-a_1b)}\, dl(a_1x+b_1)^{\mu+\nu+2},$$

$$(10)\quad \int (ax+b)^{\mu}(a_1x+b_1)^{\nu}dx = \frac{(ax+b)^{\mu+1}(a_1x+b_1)^{\nu+1}}{(\mu+1)(ab_1-a_1b)} - \frac{(\mu+\nu+2)a_1}{(\mu+1)(ab_1-a_1b)}\int (ax+b)^{\mu+1}(a_1x+b_1)^{\nu}dx,$$

6.° en supposant $u$ proportionnel à une puissance de $ax+b$, et $v$ à une puissance de $\frac{ax+b}{a_1x+b_1}$,

$$(11)\quad \int (ax+b)^{\mu}(a_1x+b_1)^{\nu}dx = \frac{(ax+b)^{\mu+1}(a_1x+b_1)^{\nu+1}}{(\nu+1)(a_1b-ab_1)} - \frac{(\mu+\nu+2)a}{(\nu+1)(a_1b-ab_1)}\int (ax+b)^{\mu}(a_1x+b_1)^{\nu+1}dx.$$

A l'aide des formules (6), (7), (8), (9), (10), (11), on pourra toujours remplacer l'intégrale (2) par une autre intégrale de même espèce, mais dans laquelle chacun des binomes $ax+b$, $a_1x+b_1$ porte un exposant compris entre les limites 0 et $-1$. En effet, il suffira, pour y parvenir, d'employer une ou plusieurs fois de suite les formules (8) et (9), ou du moins l'une d'entre elles, si les exposans $\mu$, $\nu$ sont positifs, ou si, l'un d'eux étant positif, l'autre est déjà compris entre les limites 0 et $-1$. Au contraire, on devra employer les formules (10) et (11), ou du moins l'une d'entre elles, si les exposans $\mu$, $\nu$ sont tous deux négatifs. Enfin, si, l'un des deux exposans étant positif, l'autre est inférieur à $-1$, on fera servir la formule (6) ou la formule (7) à la réduction simultanée des valeurs numériques de ces deux exposans, jusqu'à ce que l'un d'eux se change en une quantité comprise entre les limites o et $-1$.

Lorsque les exposans $\mu$, $\nu$ ont des valeurs numériques entières, alors, en opérant comme on vient de le dire, on finit par les réduire l'un et l'autre à l'une des deux quantités o et $-1$. Cette réduction étant effectuée, l'intégrale (2) se trouve nécessairement remplacée par l'une des quatre suivantes

$$(12)\left\{\begin{array}{l}\int dx = x + \mathcal{C},\ \int \frac{dx}{ax+b} = \frac{1}{2a}\, l(ax+b)^2 + \mathcal{C},\ \int \frac{dx}{a_1x+b_1} = \frac{1}{2a_1}\, l(a_1x+b_1)^2 + \mathcal{C},\\ \int \frac{dx}{(ax+b)(a_1x+b_1)} = \frac{1}{ab_1 - a_1b}\int d\, l\left(\frac{ax+b}{a_1x+b_1}\right) = \frac{1}{2(ab_1-a_1b)}\, l\left(\frac{ax+b}{a_1x+b_1}\right)^2 + \mathcal{C}.\end{array}\right.$$

En général, toutes les fois que la formule $(ax+b)^\mu (a_1x+b_1)^\nu dx$ sera intégrable, les méthodes de réduction ci-dessus indiquées permettront de substituer à l'intégrale (2) d'autres intégrales plus simples dont il sera facile d'obtenir les valeurs.

Si l'on veut appliquer les mêmes méthodes à la réduction de l'intégrale (1), il faudra supposer dans la formule (5) les quantités $u$ et $v$ proportionnelles à certaines puissances, non plus des quantités (4), mais des suivantes

$$(13)\qquad ax+b = ay^2+b,\quad x = y^2,\quad \frac{ax+b}{x} = \frac{ay^2+b}{y^2}.$$

*Exemple.* Concevons qu'il s'agisse de réduire l'intégrale

$$\int \frac{dy}{(1+y^2)^n} = \int (1+y^2)^{-n}\, dy,$$

$n$ désignant un nombre entier supérieur à l'unité. On supposera $u$ et $v$ proportionnels à des puissances de $y^2$ et de $\frac{1+y^2}{y^2}$; et, comme on aura

$$d\, l\left(\frac{1+y^2}{y^2}\right) = 2\left(\frac{y}{1+y^2} - \frac{1}{y}\right) dy = -\frac{2\,dy}{y(1+y^2)},$$

on tirera de la formule (5)

$$(14)\ \int \frac{dy}{(1+y^2)^n} = \int \frac{-y(1+y^2)^{-n+1}}{2}\, d\, l\left(\frac{1+y^2}{y^2}\right) = \int \frac{y^{-2n+1}}{2(n-1)}\left(\frac{1+y^2}{y^2}\right)^{-n+1} d\, l\left(\frac{1+y^2}{y^2}\right)^{-n+1}$$

$$= \frac{y(1+y^2)^{-n+1}}{2(n-1)} - \int \frac{y(1+y^2)^{-n+1}}{2(n-1)}\, d\, l\left(y^{-2n+1}\right) = \frac{y}{2(n-1)(1+y^2)^{n-1}} + \frac{2n-3}{2n-2}\int \frac{dy}{(1+y^2)^{n-1}}.$$

# TRENTIÈME LEÇON.

## *Sur les Intégrales indéfinies qui renferment des Fonctions exponentielles, logarithmiques ou circulaires.*

On nomme *fonctions exponentielles*, *fonctions logarithmiques*, celles qui contiennent des exposans variables ou des logarithmes, et *fonctions trigonométriques* ou *circulaires*, celles qui contiennent des lignes trigonométriques ou des arcs de cercle. Il serait fort utile d'intégrer les formules différentielles qui renferment de semblables fonctions. Mais on n'a point de méthodes sûres pour y parvenir, si ce n'est dans un petit nombre de cas particuliers que nous allons passer en revue.

D'abord, si l'on désigne par $f$ une fonction telle que l'intégrale indéfinie $\int f(z)\,dz$ ait une valeur connue, on en déduira les valeurs de

(1) $\int f(lx).\frac{dx}{x}$, $\int e^x f(e^x)\,dx$, $\int \cos x\,.f(\sin x)\,dx$, $\int \sin x\,.f(\cos x)\,dx$,

en posant successivement, comme dans la 27.^e leçon, $l(x)=z$, $e^x=z$, $\sin x=z$, $\cos x=z$. On déterminerait de même les trois intégrales

(2) $\int f(\text{arc tang}\,x)\frac{dx}{1+x^2}$, $\int f(\text{arc sin}\,x)\frac{dx}{\sqrt{(1-x^2)}}$, $\int f(\text{arc cos}\,x)\frac{dx}{\sqrt{(1-x^2)}}$,

en posant, dans la première, $\text{arc tang}\,x=z$, et dans les deux dernières, $\text{arc sin}\,x=z$ ou $\text{arc cos}\,x=z$.

Observons encore que, si l'on désigne par $f(u)$, $f(u,v)$, $f(u,v,w\ldots)$, des fonctions algébriques des variables $u$, $v$, $w$ . . . , il suffira de faire $e^x=z$, pour rendre algébrique l'expression différentielle renfermée sous le signe $\int$ dans l'intégrale

(3) $$\int f(e^x)\,dx,$$

et $\cos x=z$ ou $\sin x=z$, pour produire le même effet sur les deux intégrales

(4) $\int f(\sin x, \cos x)dx$, $\int f(\sin x, \sin 2x, \sin 3x \ldots \cos x, \cos 2x, \cos 3x \ldots)dx$,

dont la seconde n'a pas plus de généralité que la première, attendu qu'on peut y remplacer les sinus et cosinus des arcs $2x$, $3x$, $4x$ ... par leurs valeurs en $\sin x$ et $\cos x$, tirées des équations de la forme
$\cos nx + \sqrt{-1}\sin nx = (\cos x + \sqrt{-1}\sin x)^n$, $\cos nx - \sqrt{-1}\sin nx = (\cos x - \sqrt{-1}\sin x)^n$.
Ajoutons que, si, dans la première des intégrales (4), on égale $\sin x$, non pas à $z$, mais à $\pm z^{\frac{1}{2}}$, cette intégrale prendra la forme très-simple

$$(5) \qquad \int f\left[\pm z^{\frac{1}{2}},\ (1-z)^{\frac{1}{2}}\right] \frac{\pm dz}{2z^{\frac{1}{2}}(1-z)^{\frac{1}{2}}}.$$

On aura, par exemple, en désignant par $\mu$, $\nu$ deux quantités constantes,

$$(6) \qquad \int \sin^{\mu} x \cdot \cos^{\nu} x \cdot dx = \pm \tfrac{1}{2} \int z^{\frac{\mu-1}{2}} (1-z)^{\frac{\nu-1}{2}} dz.$$

Remarquons enfin, qu'en supposant connues les valeurs des intégrales (3) et (4), on en déduira facilement celles des suivantes

$$(7) \qquad \int f(e^{ax})\, dx,$$

$$(8) \int f(\sin bx, \cos bx)dx, \int f(\sin bx, \sin 2bx, \sin 3bx \ldots, \cos bx, \cos 2bx, \cos 3bx \ldots)dx$$

puis qu'il suffira de diviser par $a$, ou par $b$, les fonctions obtenues, après y avoir remplacé $x$ par $ax$, ou par $bx$.

Soient maintenant $P$, $z$ deux fonctions de $x$, dont la première reste algébrique, et dont la seconde ait une dérivée algébrique $z'$. Si, en posant

$$\int P dx = Q, \quad \int Qz' dx = R, \quad \int Rz' dx = S, \quad \&c. \ldots$$

on obtient pour $Q$, $R$, $S$..., des fonctions connues de la variable $x$, on déterminera sans peine, à l'aide de plusieurs intégrations par parties,

$$(9) \qquad \int P z^n dx,$$

$n$ étant un nombre entier. En effet, on trouvera successivement

$$\int Pz^n dx = Qz^n - n\int Qz' \cdot z^{n-1} dx, \quad \int Qz' \cdot z^{n-1} dx = Rz^{n-1} - (n-1)\int Rz' \cdot z^{n-2} dx,$$

&c...., et par suite,

$$(10) \qquad \int Pz^n dx = Qz^n - nRz^{n-1} + n(n-1)Sz^{n-2} - \&c. \ldots + C.$$

Lorsque la fonction $z$ se réduit à un seul terme, elle se présente nécessairement sous l'une des deux formes [*voyez* la 28.ᵉ leçon]

$$A\,l\,[f(x)], \quad A \text{ arc tang } f(x),$$

$A$ désignant une quantité constante, et $f(x)$ une fonction algébrique de $x$.

*Exemples.* Si l'on suppose la fonction $P$ réduite à l'unité, et la fonction $z$ à l'une des suivantes $l(x)$, arc sin $x$, arc cos $x$, $l(x+\sqrt{x^2+1})$, &c., on tirera de la formule (10)

(11)
$$\int (lx)^n dx =$$
$$x(lx)^n \left\{ 1 - \frac{n}{lx} + \frac{n(n-1)}{(lx)^2} - \&c. \ldots\ldots \pm \frac{n(n-1)\ldots\ldots 3.2.1}{(lx)^n} \right\} + C,$$

(12)
$$\int (\text{arc sin } x)^n dx =$$
$$(\text{arc sin } x)^n \left\{ x + \frac{n\sqrt{1-x^2}}{\text{arc sin } x} - \frac{n(n-1)x}{(\text{arc sin } x)^2} - \frac{n(n-1)(n-2)\sqrt{1-x^2}}{(\text{arc sin } x)^3} + \ldots \right\} + C,$$

(13)
$$\int (\text{arc cos } x)^n dx =$$
$$(\text{arc cos } x)^n \left\{ x - \frac{n\sqrt{1-x^2}}{\text{arc cos } x} - \frac{n(n-1)x}{(\text{arc cos } x)^2} + \frac{n(n-1)(n-2)\sqrt{1-x^2}}{(\text{arc cos } x)^3} + \ldots \right\} + C,$$

(14)
$$\int [l(x+\sqrt{x^2+1})]^n dx =$$
$$[l(x+\sqrt{x^2+1})]^n \left\{ x - \frac{n\sqrt{x^2+1}}{l(x+\sqrt{x^2+1})} + \frac{n(n-1)x}{[l(x+\sqrt{x^2+1})]^2} - \frac{n(n-1)(n-2)\sqrt{x^2+1}}{[l(x+\sqrt{x^2+1})]^3} + \ldots \right\} + C, \&c.$$

Si l'on supposait $P = x^{a-1}$, et $z = l(x)$, on trouverait

(15) $$\int x^{a-1}(lx)^n dx = \frac{x^a}{a}(lx)^n \left[ 1 - \frac{n}{a\,lx} + \frac{n(n-1)}{a^2(lx)^2} - \&c. \ldots \pm \frac{n(n-1)\ldots 3.2.1}{a^n(lx)^n} \right] + C,$$

Lorsqu'on substitue $z$ à $x$, les formules qui précèdent deviennent

(16) $$\int z^n e^z dz = z^n e^z \left[ 1 - \frac{n}{z} + \frac{n(n-1)}{z^2} - \&c. \ldots \pm \frac{n(n-1)\ldots 3.2.1}{z^n} \right] + C,$$

(17) $$\int z^n \cos z\, dz = z^n \left\{ \sin z \left[ 1 - \frac{n(n-1)}{z^2} + \ldots \right] + \cos z \left[ \frac{n}{z} - \frac{n(n-1)(n-2)}{z^3} + \ldots \right] \right\} + C,$$

(18) $$-\int z^n \sin z\, dz = z^n \left\{ \cos z \left[ 1 - \frac{n(n-1)}{z^2} + \ldots \right] - \sin z \left[ \frac{n}{z} - \frac{n(n-1)(n-2)}{z^3} + \ldots \right] \right\} + C,$$

(19) $$\int z^n \left( \frac{e^z+e^{-z}}{2} \right) dz = z^n \left\{ \frac{e^z-e^{-z}}{2} \left[ 1 + \frac{n(n-1)}{z^2} + \ldots \right] - \frac{e^z+e^{-z}}{2} \left[ \frac{n}{z} + \frac{n(n-1)(n-2)}{z^3} + \ldots \right] \right\} + C,$$

(20) $$\int z^n e^{az} dz = \frac{z^n e^{az}}{a} \left\{ 1 - \frac{n}{az} + \frac{n(n-1)}{a^2 z^2} - \&c. \ldots \pm \frac{n(n-1)\ldots 3.2.1}{a^n z^n} \right\} + C.$$

On pourrait établir directement ces dernières formules, à l'aide de plusieurs intégrations par parties que l'on effectuerait de manière à diminuer sans cesse l'exposant $n$, pour le faire enfin disparaître. Ainsi, par exemple, la formule (20) se déduit des équations

(21) $$\int z^n e^{az} dz = \frac{z^n e^{az}}{a} - \frac{n}{a}\int z^{n-1} e^{az} dz, \quad \int z^{n-1} e^{az} dz = \frac{z^{n-1} e^{az}}{a} - \frac{n-1}{a}\int z^{n-2} e^{az} dz, \ \&c.$$

Une remarque semblable s'applique à toutes les intégrales que l'on déduirait de l'intégrale (10) supposée connue, en substituant $z$ à $x$.

L'intégration par parties peut encore servir à fixer les valeurs de

$$(22) \qquad \int z^n e^{az} \cos bz\, dz, \quad \int z^n e^{az} \sin bz\, dz,$$

$a$, $b$, désignant des quantités constantes, et $n$ un nombre entier. Ainsi, par exemple, on obtiendra les valeurs générales des deux intégrales $\int e^{az} \cos bz\, dz$, $\int e^{az} \sin bz\, dz$, en ajoutant des constantes arbitraires aux valeurs de ces mêmes intégrales tirées des équations

$$\int e^{az} \cos bz\, dz = \frac{e^{az} \cos bz}{a} + \frac{b}{a} \int e^{az} \sin bz\, dz, \quad \int e^{az} \sin bz\, dz = \frac{e^{az} \sin bz}{a} - \frac{b}{a} \int e^{az} \cos bz\, dz.$$

Au reste, la détermination des intégrales (22) peut être simplifiée par le moyen des considérations suivantes.

Comme on a [*voyez* la fin de la cinquième leçon]

$$d(\cos x + \sqrt{-1} \sin x) = (\cos x + \sqrt{-1} \sin x) dx \sqrt{-1},$$ on en conclut

$$(23) \quad d[e^{az}(\cos bz + \sqrt{-1} \sin bz)] = (a + b\sqrt{-1})\, e^{az}(\cos bz + \sqrt{-1} \sin bz) dz,$$

$$(24) \quad \int e^{az}(\cos bz + \sqrt{-1} \sin bz) dz = \frac{e^{az}(\cos bz + \sqrt{-1} \sin bz)}{a + b\sqrt{-1}} + \mathcal{C},$$

$\mathcal{C}$ admettant des valeurs imaginaires. Cela posé, il est clair que les formules (21), et la formule (20) qui en est une suite nécessaire, subsisteront encore, si l'on y remplace l'exponentielle $e^{az}$ par le produit

$$e^{az}(\cos bz + \sqrt{-1} \sin bz),$$

et le diviseur $a$ par $a + b\sqrt{-1}$. On aura donc

$$(25) \int z^n e^{az}(\cos bz + \sqrt{-1} \sin bz) = \frac{z^n e^{az}(\cos bz + \sqrt{-1} \sin bz)}{a + b\sqrt{-1}} \left\{ 1 - \frac{n}{(a + b\sqrt{-1})z} + \ldots \pm \frac{n(n-1)\ldots 3.2.1}{(a + b\sqrt{-1})^n z^n} \right\} + \mathcal{C}.$$

Si l'on ramène le second membre de cette dernière équation à la forme $u + v\sqrt{-1}$, $u$ et $v$ désignant des quantités réelles, ces quantités seront précisément les valeurs des intégrales (22). Les deux formules qui détermineront ces valeurs, comprendront, comme cas particuliers, les équations (16), (17), (18) et (20). De plus, elles entraîneront l'équation (19), et se réduiront, si l'on suppose $n = 0$, aux deux suivantes

$$(26) \int e^{az} \cos bz\, dz = \frac{a \cos bz + b \sin bz}{a^2 + b^2} e^{az} + \mathcal{C}, \quad \int e^{az} \sin bz\, dz = \frac{a \sin bz - b \cos bz}{a^2 + b^2} e^{az} + \mathcal{C}.$$

## TRENTE-UNIÈME LEÇON.

*Sur la détermination et la réduction des Intégrales indéfinies, dans lesquelles la fonction sous le signe ∫ est le produit de deux facteurs égaux à certaines puissances du sinus et du cosinus de la variable.*

SOIENT $\mu$, $\nu$ deux quantités constantes, et considérons l'intégrale

$$(1)\qquad \int \sin^{\mu} x \,.\cos^{\nu} x\, dx.$$

Si l'on pose $\sin^2 x = z$, ou $\sin x = \pm z^{\frac{1}{2}}$, cette intégrale deviendra

$$(2)\qquad \pm \tfrac{1}{2} \int z^{\frac{\mu-1}{2}} (1-z)^{\frac{\nu-1}{2}} dz.$$

Donc elle pourra être facilement déterminée [*voyez* la 29.$^e$ leçon], lorsque les valeurs numériques des deux exposans $\frac{\mu-1}{2}$, $\frac{\nu-1}{2}$ et de leur somme $\frac{\mu+\nu-2}{2}$, se réduiront à trois nombres rationnels dont l'un sera un nombre entier. C'est ce qui arrivera nécessairement toutes les fois que les quantités $\mu$, $\nu$ auront des valeurs numériques entières.

Dans tous les cas, on pourra du moins ramener la détermination de l'intégrale (1) ou (2) à celle de plusieurs autres intégrales de même espèce, mais dans lesquelles les exposans de $\sin x$ et $\cos x$, ou de $z$ et $1-z$, ne seront plus les mêmes. Pour y parvenir, il suffira d'employer de nouveau la formule (5) de la 29.$^e$ leçon, savoir,

$$(3)\qquad \int uv \,.\, dl(v) = uv - \int uv \,.\, dl(u),$$

en supposant les fonctions $u$, $v$ proportionnelles à certaines puissances de deux des trois quantités $z$, $1-z$, $\frac{1-z}{z}$, ou, ce qui revient au même, de deux des trois suivantes,

$$(4)\qquad \sin x, \quad \cos x, \quad \frac{\sin x}{\cos x} = \operatorname{tang} x = \frac{1}{\cot. x}.$$

Concevons, pour fixer les idées, que l'on veuille réduire l'intégrale (1). On commencera par substituer dans cette intégrale la valeur de $dx$ tirée de l'une des équations

(5) $dl\sin x = \frac{\cos x\,dx}{\sin x}$, $dl\cos x = -\frac{\sin x\,dx}{\cos x}$, $dl\,\text{tang}\,x = -dl\cot x = \frac{dx}{\sin x \cos x}$;

puis, l'on conclura de la formule (3), 1.° en supposant $u$ proportionnel à une puissance de $\sin x$, et $v$ à une puissance de $\cos x$,

$$\int \sin^\mu x \cos^\nu x\,dx = \int -\sin^{\mu-1} x \cos^{\nu+1} x\,dl\cos x = \int \frac{-\sin^{\mu-1} x}{\nu+1} \cos^{\nu+1} x\,dl\cos^{\nu+1} x$$
$$= -\frac{\sin^{\mu-1} x \cos^{\nu+1} x}{\nu+1} + \int \frac{\sin^{\mu-1} x \cos^{\nu+1} x}{\nu+1}\,dl\sin^{\mu-1} x,$$

(6) $$\int \sin^\mu x \cos^\nu x\,dx = -\frac{\sin^{\mu-1} x \cos^{\nu+1} x}{\nu+1} + \frac{\mu-1}{\nu+1}\int \sin^{\mu-2} x \cos^{\nu+2} x\,dx;$$

2.° en supposant $u$ proportionnel à une puissance de $\cos x$, et $v$ à une puissance de $\sin x$,

(7) $$\int \sin^\mu x \cos^\nu x\,dx = \frac{\sin^{\mu+1} x \cos^{\nu-1} x}{\mu+1} + \frac{\nu-1}{\mu+1}\int \sin^{\mu+2} x \cos^{\nu-2} x\,dx;$$

3.° en supposant $u$ proportionnel à une puissance de $\text{tang}\,x$, et $v$ à une puissance de $\cos x$,

$$\int \sin^\mu x \cos^\nu x\,dx = \int -\sin^{\mu-1} x \cos^{\nu+1} x\,dl\cos x = \int \frac{-\text{tang}^{\mu-1} x}{\mu+\nu} \cos^{\mu+\nu} x\,dl\cos^{\mu+\nu} x$$
$$= -\frac{\sin^{\mu-1} x \cos^{\nu+1} x}{\mu+\nu} + \int \frac{\sin^{\mu-1} x \cos^{\nu+1} x}{\mu+\nu}\,dl\,\text{tang}^{\mu-1} x,$$

(8) $$\int \sin^\mu x \cos^\nu x\,dx = -\frac{\sin^{\mu-1} x \cos^{\nu+1} x}{\mu+\nu} + \frac{\mu-1}{\mu+\nu}\int \sin^{\mu-2} x \cos^\nu x\,dx;$$

4.° en supposant $u$ proportionnel à une puissance de $\cot x$, et $v$ à une puissance de $\sin x$,

(9) $$\int \sin^\mu x \cos^\nu x\,dx = \frac{\sin^{\mu+1} x \cos^{\nu-1} x}{\mu+\nu} + \frac{\nu-1}{\mu+\nu}\int \sin^\mu x \cos^{\nu-2} x\,dx;$$

5.° en supposant $u$ proportionnel à une puissance de $\cos x$, et $v$ à une puissance de $\text{tang}\,x$,

$$\int \sin^\mu x \cos^\nu x\,dx = \int \sin^{\mu+1} x \cos^{\nu+1} x\,dl\,\text{tang}\,x = \int \frac{\cos^{\mu+\nu+2} x}{\mu+1}\,\text{tang}^{\mu+1} x\,dl\,\text{tang}^{\mu+1} x$$
$$= \frac{\sin^{\mu+1} x \cos^{\nu+1} x}{\mu+1} - \int \frac{\sin^{\mu+1} x \cos^{\nu+1} x}{\mu+1}\,dl\cos^{\mu+\nu+2} x;$$

(10) $$\int \sin^\mu x \cos^\nu x\,dx = \frac{\sin^{\mu+1} x \cos^{\nu+1} x}{\mu+1} + \frac{\mu+\nu+2}{\mu+1}\int \sin^{\mu+2} x \cos^\nu x\,dx;$$

6.° en supposant $u$ proportionnel à une puissance de $\sin x$, et $v$ à une puissance de $\cot x$,

$$(11)\quad \int \sin^\mu x \cos^\nu x\, dx = -\frac{\sin^{\mu+1} x \cos^{\nu+1} x}{\nu+1} + \frac{\mu+\nu+2}{\nu+1}\int \sin^\mu x \cos^{\nu+2} x\, dx.$$

A l'aide des formules (6), (7), (8), (9), (10), (11), on pourra toujours transformer l'intégrale (1) en une autre intégrale de même espèce, mais dans laquelle chacune des quantités $\sin x$, $\cos x$, porte un exposant compris entre les limites $-1$, $+1$. En effet, pour atteindre ce but, il suffira d'employer une ou plusieurs fois de suite les formules (8) et (9), ou du moins l'une d'entre elles, si les exposans $\mu$ et $\nu$ sont positifs, ou si, l'un d'eux étant positif, l'autre est compris entre les limites $0, -1$. On devra au contraire employer les formules (10) et (11), si les exposans $\mu$ et $\nu$ sont tous deux négatifs, ou si, l'un d'eux étant négatif, l'autre est compris entre les limites 0 et 1. Enfin, si, l'un des deux exposans étant positif, mais supérieur à l'unité, l'autre est négatif, mais inférieur à $-1$, on fera servir la formule (6) ou la formule (7) à la réduction simultanée des valeurs numériques de ces deux exposans, jusqu'à ce que l'un d'eux se trouve remplacé par une quantité comprise entre les limites $-1$ et $+1$.

Dans le cas particulier où l'on suppose $\mu+\nu=0$, les équations (6) et (7) deviennent

$$(12)\ \int \operatorname{tang}^\mu x\, dx = \frac{\operatorname{tang}^{\mu-1} x}{\mu-1} - \int \operatorname{tang}^{\mu-2} x\, dx, \quad \int \cot^\nu x\, dx = -\frac{\cot^{\nu-1} x}{\nu-1} - \int \cot^{\nu-2} x\, dx.$$

Lorsque les exposans $\mu$ et $\nu$ ont des valeurs numériques entières, alors, en opérant comme il a été dit ci-dessus, on finit par réduire chacun d'eux à l'une des trois quantités $+1$, $0$, $-1$, et l'intégrale (1) se trouve nécessairement remplacée par l'une des neuf suivantes

$$\int dx = x + C,\ \int \sin x\, dx = -\cos x + C,\ \int \cos x\, dx = \sin x + C,\ \int \sin x \cos x\, dx = \tfrac{1}{2}\sin^2 x + C,$$

$$\int \frac{\sin x\, dx}{\cos x} = -\tfrac{1}{2} l \cos^2 x + C,\ \int \frac{\cos x\, dx}{\sin x} = \tfrac{1}{2} l \sin^2 x + C,\ \int \frac{dx}{\cos x \sin x} = \tfrac{1}{2} l \operatorname{tang}^2 x + C,$$

$$\int \frac{dx}{\sin x} = \int \frac{\frac{1}{2} dx}{\sin\frac{x}{2}\cos\frac{x}{2}} = \tfrac{1}{2} l \operatorname{tang}^2 \tfrac{x}{2} + C,\ \int \frac{dx}{\cos x} = \int \frac{d(x+\frac{1}{2}\pi)}{\sin(x+\frac{1}{2}\pi)} = \tfrac{1}{2} l \operatorname{tang}^2\left(\frac{x}{2}+\frac{\pi}{4}\right) + C.$$

Si l'on applique ces principes à la détermination des intégrales

$$\int \sin^n x\, dx,\quad \int \cos^n x\, dx,\quad \int \frac{\sin^n x}{\cos^n x}\, dx,\quad \int \frac{\cos^n x}{\sin^n x}\, dx,\quad \int \frac{dx}{\cos^n x},\quad \int \frac{dx}{\sin^n x},$$

$n$ étant un nombre entier, on trouvera, 1.° en supposant $n$ pair,

$$\int \sin^n x\, dx = -\frac{\cos x}{n}\left\{\sin^{n-1}x + \frac{n-1}{n-2}\sin^{n-3}x + \ldots + \frac{3.5\ldots(n-3)(n-1)}{2.4\ldots(n-4)(n-2)}\sin x\right\} + \frac{1.3\ldots(n-3)(n-1)}{2.4\ldots(n-2)n}x + C,$$

$$\int \cos^n x\, dx = \frac{\sin x}{n}\left\{\cos^{n-1}x + \frac{n-1}{n-2}\cos^{n-3}x + \ldots + \frac{3.5\ldots(n-3)(n-1)}{2.4\ldots(n-4)(n-2)}\cos x\right\} + \frac{1.3\ldots(n-3)(n-1)}{2.4\ldots(n-2)n}x + C,$$

$$\int \operatorname{tang}^n x\, dx = \frac{\operatorname{tang}^{n-1}x}{n-1} - \frac{\operatorname{tang}^{n-3}x}{n-3} + \frac{\operatorname{tang}^{n-5}x}{n-5} - \&c. \ldots \pm \operatorname{tang} x \mp x + C,$$

$$\int \cot^n x\, dx = -\frac{\cot^{n-1}x}{n-1} + \frac{\cot^{n-3}x}{n-3} - \frac{\cot^{n-5}x}{n-5} + \&c. \ldots \pm \cot x \mp x + C,$$

$$\int \sec^n x\, dx = \frac{\sin x}{n-1}\left\{\sec^{n-1}x + \frac{n-2}{n-3}\sec^{n-3}x + \ldots + \frac{2.4\ldots(n-4)(n-2)}{1.3\ldots(n-5)(n-3)}\sec x\right\} + C,$$

$$\int \operatorname{cosec}^n x\, dx = -\frac{\cos x}{n-1}\left\{\operatorname{cosec}^{n-1}x + \frac{n-2}{n-3}\operatorname{cosec}^{n-3}x + \ldots + \frac{2.4\ldots(n-4)(n-2)}{1.3\ldots(n-5)(n-3)}\operatorname{cosec} x\right\} + C,$$

2.° en supposant $n$ impair,

$$\int \sin^n x\, dx = -\frac{\cos x}{n}\left\{\sin^{n-1}x + \frac{n-1}{n-2}\sin^{n-3}x + \frac{(n-1)(n-3)}{(n-2)(n-4)}\sin^{n-5}x + \ldots + \frac{2.4\ldots(n-3)(n-1)}{1.3\ldots(n-4)(n-2)}\right\} + C,$$

$$\int \cos^n x\, dx = \frac{\sin x}{n}\left\{\cos^{n-1}x + \frac{n-1}{n-2}\cos^{n-3}x + \frac{(n-1)(n-3)}{(n-2)(n-4)}\cos^{n-5}x + \ldots + \frac{2.4\ldots(n-3)(n-1)}{1.3\ldots(n-4)(n-2)}\right\} + C,$$

$$\int \operatorname{tang}^n x\, dx = \frac{\operatorname{tang}^{n-1}x}{n-1} - \frac{\operatorname{tang}^{n-3}x}{n-3} + \frac{\operatorname{tang}^{n-5}x}{n-5} - \&c. \ldots \pm \frac{\operatorname{tang}^2 x}{2} \pm \tfrac{1}{2}\, l \cos^2 x + C,$$

$$\int \cot^n x\, dx = -\frac{\cot^{n-1}x}{n-1} + \frac{\cot^{n-3}x}{n-3} - \frac{\cot^{n-5}x}{n-5} + \&c. \ldots \mp \frac{\cot^2 x}{2} \mp \tfrac{1}{2}\, l \sin^2 x + C,$$

$$\int \sec^n x\, dx = \frac{\sin x}{n-1}\left\{\sec^{n-1}x + \frac{n-2}{n-3}\sec^{n-3}x + \ldots + \frac{1.3\ldots(n-2)}{2.4\ldots(n-3)}\sec^2 x\right\} + \frac{1.3\ldots(n-2)}{2.4\ldots(n-1)}\tfrac{1}{2}\, l \operatorname{tang}^2\left(\frac{x}{2} + \frac{\pi}{4}\right) + C,$$

$$\int \operatorname{cosec}^n x\, dx = -\frac{\cos x}{n-1}\left\{\operatorname{cosec}^{n-1}x + \frac{n-2}{n-3}\operatorname{cosec}^{n-3}x + \ldots + \frac{3.5\ldots(n-2)}{2.4\ldots(n-3)}\operatorname{cosec}^2 x\right\} + \frac{1.3\ldots(n-2)}{2.4\ldots(n-1)}\tfrac{1}{2}\, l \operatorname{tang}^2 \frac{x}{2} + C.$$

Nous indiquerons en finissant plusieurs méthodes qui peuvent servir, comme les précédentes, à la réduction ou à la détermination de l'intégrale $\int \sin^{\pm m} x \cos^{\pm n} x\, dx$, $m$, $n$ étant deux nombres entiers. D'abord il est clair qu'on réduira l'intégrale $\int \sin^{-m} x \cos^{-n} x\, dx$ à d'autres plus simples, en multipliant une ou plusieurs fois la fonction sous le signe $\int$ par $\sin^2 x + \cos^2 x = 1$. De plus, on peut rendre rationnelle l'expression différentielle $\sin^{\pm m} x \cos^{\pm n} x\, dx$, 1.° dans le cas où $n$ est un nombre impair, en posant $\sin x = z$; 2.° dans le cas où $m$ est un nombre impair, en posant $\cos x = z$. Remarquons enfin que l'on obtiendra très-facilement les valeurs des intégrales, $\int \sin^m x\, dx$, $\int \cos^n x\, dx$, $\int \sin^m x \cos^n x\, dx$, dès qu'on aura développé $\sin^m x$, $\cos^n x$ et $\sin^m x \cos^n x$ en fonctions linéaires de $\sin x$, $\sin 2x$, $\sin 3x \ldots \cos x$, $\cos 2x$, $\cos 3x \ldots$ à l'aide des formules établies dans le chap. VII de l'*Analyse algébrique*.

## TRENTE-DEUXIÈME LEÇON.

### *Sur le passage des Intégrales indéfinies aux Intégrales définies.*

INTÉGRER l'équation

$$(1)\qquad dy = f(x)\,dx\,,$$

ou l'expression différentielle $f(x)dx$, *à partir* de $x = x_0$, c'est trouver une fonction continue de $x$, qui ait la double propriété de donner pour différentielle $f(x)dx$, et de s'évanouir pour $x = x_0$. Cette fonction, devant être comprise dans la formule générale $\int f(x)dx = \int_{x_0}^{x} f(x)\,dx + C$, se réduira nécessairement à l'intégrale $\int_{x_0}^{x} f(x)dx$, si la fonction $f(x)$ est elle-même continue par rapport à $x$, entre les deux limites de cette intégrale. Concevons maintenant que, les deux fonctions $\varphi(x)$ et $\chi(x)$ étant continues entre ces limites, la valeur générale de $y$, tirée de l'équation (1), soit présentée sous la forme $\varphi(x) + \int \chi(x)dx$. La fonction cherchée sera évidemment égale à $\varphi(x) - \varphi(x_0) + \int_{x_0}^{x} \chi(x)\,dx$. En partant de cette remarque, on verra sans peine ce que deviennent les formules établies dans les leçons précédentes, lorsqu'on assujettit les deux membres de chacune d'elles à s'évanouir pour une valeur donnée de $x$. Ainsi, par exemple, on reconnaîtra facilement que les équations (9) et (12) de la 27.e leçon, savoir, $\int f(x)\,dx = \int \mathfrak{f}(z)\,dz$, et $\int u\,dv = uv - \int v\,du$ ou $\int uv'\,dx = uv - \int vu'\,dx$ entraînent les suivantes

$$(2)\ \int_{x_0}^{x} f(x)\,dx = \int_{z_0}^{z} \mathfrak{f}(z)\,dz,\quad \text{et}\quad (3)\ \int_{x_0}^{x} uv'\,dx = uv - u_0 v_0 - \int_{x_0}^{x} vu'\,dx\,,$$

$z_0$, $u_0$ et $v_0$ désignant les valeurs de $z$, $u$ et $v$ correspondantes à $x = x_0$. Si dans les formules (2) et (3) on pose $x = X$, on trouvera, en appelant $Z$, $U$, $V$ les valeurs correspondantes de $z$, $u$, $v$,

$$(4)\ \int_{x_0}^{X} f(x)\,dx = \int_{z_0}^{Z} \mathfrak{f}(z)\,dz,\quad \text{et}\quad (5)\ \int_{x_0}^{X} uv'\,dx = UV - u_0 v_0 - \int_{x_0}^{X} vu'\,dx.$$

Les équations (4) et (5) sont celles que l'on doit substituer aux formules

(9) et (12) de la 27.$^e$ leçon, lorsqu'il s'agit d'appliquer l'intégration par substitution ou par parties à l'évaluation ou à la réduction des intégrales définies; tandis que les intégrales de cette espèce, déduites de l'intégration immédiate ou par décomposition, sont données par la formule (18) de la 26.$^e$ leçon, ou par la formule (2) de la 23.$^e$. Ces principes étant admis, les méthodes exposées dans les leçons précédentes pourront servir à déterminer un grand nombre d'intégrales définies, parmi lesquelles je vais citer quelques-unes des plus remarquables.

Si l'on désigne par $m$ un nombre entier, par $a$, $\beta$, $\mu$, $\nu$ des quantités positives, par $\alpha$, $A$, $B$, $C$ . . . des quantités quelconques, enfin par $\varepsilon$ un nombre infiniment petit, on tirera des formules établies dans les 27.$^e$ et 28.$^e$ leçons

$$\int_0^1 x^{a-1}\,dx=\frac{1}{a},\ \int_0^1 x^{-a-1}\,dx=\infty,\ \int_0^\infty e^{-x}\,dx=1,\ \int_0^\infty e^{ax}\,dx=\infty,\ \int_0^\infty e^{-ax}\,dx=\frac{1}{a},$$

$$\int_0^1 (A+Bx+Cx^2\ldots)\,dx=A+\frac{B}{2}+\frac{C}{3}\ldots,\ \int_0^1 \frac{x^m-1}{x-1}\,dx=1+\frac{1}{2}+\frac{1}{3}\ldots+\frac{1}{m},\ \int_0^\infty \frac{dx}{1+x^2}=\frac{\pi}{2},$$

$$\int_{-\infty}^{\infty} \frac{dx}{x^2+a^2}=\frac{\pi}{a},\ \int_{-\frac{1}{\varepsilon\mu}}^{\frac{1}{\varepsilon\nu}} \frac{x\,dx}{x^2+a^2}=l\left(\frac{\mu}{\nu}\right),\ \int_{-\frac{1}{\varepsilon}}^{\frac{1}{\varepsilon}} \frac{x\,dx}{x^2+a^2}=0,\ \int_0^a \frac{dx}{\sqrt{(a^2-x^2)}}=\frac{\pi}{2},$$

$$\int_{-\infty}^{\infty} \frac{dx}{(x-\alpha)^2+\beta^2}=\frac{\pi}{\beta},\ \int_{-\frac{1}{\varepsilon\mu}}^{\frac{1}{\varepsilon\nu}} \frac{(x-\alpha)\,dx}{(x-\alpha)^2+\beta^2}=l\left(\frac{\mu}{\nu}\right),\ \int_{-\frac{1}{\varepsilon}}^{\frac{1}{\varepsilon}} \frac{(x-\alpha)\,dx}{(x-\alpha)^2+\beta^2}=0,$$

$$\int_{-\frac{1}{\varepsilon\mu}}^{\frac{1}{\varepsilon\nu}} \left\{\frac{A-B\sqrt{-1}}{x-\alpha-\beta\sqrt{-1}}+\frac{A+B\sqrt{-1}}{x-\alpha+\beta\sqrt{-1}}\right\}dx=2A\,l\left(\frac{\mu}{\nu}\right)+2\pi B,\ \int_{-\frac{1}{\varepsilon}}^{\frac{1}{\varepsilon}} \left\{\frac{A-B\sqrt{-1}}{x-\alpha-\beta\sqrt{-1}}+\frac{A+B\sqrt{-1}}{x-\alpha+\beta\sqrt{-1}}\right\}dx=2\pi B.$$

De plus, si l'on représente généralement par $\frac{f(x)}{F(x)}$ une fraction rationnelle dont le dénominateur ne puisse s'évanouir pour aucune valeur réelle de $x$, par $x_1$, $x_2$, &c.... les racines imaginaires de l'équation $F(x)=0$, dans lesquelles le coefficient de $\sqrt{-1}$ est positif, et par $A_1-B_1\sqrt{-1}$, $A_2-B_2\sqrt{-1}$, &c... les valeurs de la fraction $\frac{f(x)}{F(x)}$ correspondantes à ces racines, on obtiendra la formule

$$(6)\qquad \int_{-\frac{1}{\varepsilon\mu}}^{\frac{1}{\varepsilon\nu}} \frac{f(x)}{F(x)}\,dx=2(A_1+A_2+\ldots)\,l\left(\frac{\mu}{\nu}\right)+2\pi(B_1+B_2+\ldots).$$

Le second membre de cette formule cessera de renfermer le facteur arbitraire $l\left(\frac{\mu}{\nu}\right)$, et l'on aura en conséquence

$$(7) \qquad \int_{-\infty}^{+\infty} \frac{f(x)}{F(x)}\, dx = 2\pi\, (B_1 + B_2 + \ldots)\,;$$

toutes les fois que la somme $A_1 + A_2 +$ &c... s'évanouira. Or, cette condition sera remplie, si le degré de $F(x)$ surpasse au moins de deux unités le degré de $f(x)$. On arrive au même résultat, en partant de la remarque qui termine la 25.^e leçon.

Si le degré de la fonction $F(x)$ surpassait d'une unité seulement celui de $f(x)$, l'intégrale $\int_{-\infty}^{\infty} \frac{f(x)}{F(x)}\, dx$ deviendrait indéterminée, et sa valeur générale, donnée par l'équation (6), renfermerait la constante arbitraire $\frac{\mu}{\nu}$. Mais, en réduisant cette constante arbitraire à l'unité, on retrouverait l'équation (7), qui, dans ce cas, fournirait seulement la valeur principale de l'intégrale en question. Ajoutons que cette valeur principale resterait la même, si, outre les racines imaginaires $x$, $x_1$, &c., l'équation $F(x) = 0$ admettait des racines réelles. La raison en est que toutes les intégrales de la forme $\int_{-\infty}^{\infty} \frac{A\, dx}{x \pm a}$ ont des valeurs principales nulles.

*Exemples.* Soient $m$ et $n$ deux nombres entiers, $m$ étant $< n$. Si l'on fait $\frac{2m+1}{2n} = a$, on trouvera

$$\int_{-\infty}^{\infty} \frac{x^{2m}\, dx}{1 + x^{2n}} = \frac{2\pi}{2n}\left[\sin a\pi + \sin 3a\pi + \ldots + \sin(2n-1)a\pi\right] = \frac{\pi}{n \sin a\pi} = \frac{\pi}{n \sin \frac{(2m+1)\pi}{2n}},$$

On en conclut, en posant $z = x^{2n}$,

$$(8) \qquad \int_0^{\infty} \frac{z^{a-1}\, dz}{1+z} = 2n \int_0^{\infty} \frac{x^{2m}\, dx}{1+x^{2n}} = n \int_{-\infty}^{\infty} \frac{x^{2m}\, dx}{1+x^{2n}} = \frac{\pi}{\sin a\pi}.$$

De même, en réduisant chaque intégrale indéterminée à sa valeur principale, on trouvera

$$\int_{-\infty}^{\infty} \frac{x^{2m}\, dx}{1 - x^{2n}} = \frac{2\pi}{2n}\left[\sin 2a\pi + \sin 4a\pi + \ldots + \sin(2n-2)a\pi\right] = \frac{\pi}{n \,\mathrm{tang}\, a\pi} = \frac{\pi}{n \,\mathrm{tang}\, \frac{(2m+1)\pi}{2n}},$$

$$(9) \qquad \int_0^{\infty} \frac{z^{a-1}\, dz}{1-z} = 2n \int_0^{\infty} \frac{x^{2m}\, dx}{1-x^{2n}} = n \int_{-\infty}^{\infty} \frac{x^{2m}\, dx}{1-x^{2n}} = \frac{\pi}{\mathrm{tang}\, a\pi}.$$

On déduira encore des formules établies dans les 29.^e et 30.^e leçons

$$\int_0^{\infty} \frac{x^{m-1}\, dx}{(1+x)^n} = \frac{m-1}{n-m} \int_0^{\infty} \frac{x^{m-2}\, dx}{(1+x)^n} = \frac{(m-1)\ldots 3.2.1}{(n-m)\ldots(n-3)(n-2)} \int_0^{\infty} \frac{dx}{(1+x)^n} = \frac{1.2.3\ldots(m-1) \times 1.2.3\ldots(n-m-1)}{1.2.3\ldots(n-1)},$$

$$\int_0^{\infty} \frac{dy}{(1+y^2)^n} = \frac{2n-3}{2n-2} \int_0^{\infty} \frac{dy}{(1+y^2)^{n-1}} = \frac{1.3.5\ldots(2n-3)}{2.4.6\ldots(2n-2)} \int_0^{\infty} \frac{dy}{1+y^2} = \frac{1.3.5\ldots(2n-3)}{2.4.6\ldots(2n-2)}\, \frac{\pi}{2},.$$

$$\int_0^\infty z^n e^{-z} dz = 1.2.3...n,\ \int_0^\infty z^n e^{-az} dz = \frac{1.2.3...n}{a^{n+1}},\ \int_0^\infty z^n e^{-az}(\cos bz + \sin bz\sqrt{-1})\,dz = \frac{1.2.3...n}{(a-b\sqrt{-1})^{n+1}},$$

$$\int_0^\infty z^n e^{-az} \cos bz\, dz = \frac{1.2.3...n}{(a^2+b^2)^{\frac{1}{2}(n+1)}} \cos\left[(n+1)\,\text{arc tang}\,\frac{b}{a}\right],\ \int_0^\infty e^{-az}\cos bz\, dz = \frac{a}{a^2+b^2},$$

$$\int_0^\infty z^n e^{-az} \sin bz\, dz = \frac{1.2.3...n}{(a^2+b^2)^{\frac{1}{2}(n+1)}} \sin\left[(n+1)\,\text{arc tang}\,\frac{b}{a}\right],\ \int_0^\infty e^{-az}\sin bz\, dz = \frac{b}{a^2+b^2},$$

Enfin, on tirera des formules établies dans la 31.$^e$ leçon, 1.° en supposant $n$ pair,

$$\int_0^{\frac12\pi} \sin^n x\, dx = \frac{1.3.5...(n-1)}{2.4.6...n}\,\frac{\pi}{2} = \int_0^{\frac12\pi} \cos^n x\, dx,\ \int_0^{\frac14\pi} \text{tang}^n x\, dx = \frac{1}{n-1} - \frac{1}{n-3} + ... \mp \frac{1}{3} \pm 1 \mp \frac{\pi}{4},$$

2.° en supposant $n$ impair,

$$\int_0^{\frac12\pi} \sin^n x\, dx = \frac{2.4.6...(n-1)}{1.3.5...(n-2)n} = \int_0^{\frac12\pi} \cos^n x\, dx,\ \int_0^{\frac14\pi} \text{tang}^n x\, dx = \frac{1}{n-1} - \frac{1}{n-3} + ... \mp \frac{1}{4} \pm \frac{1}{2} \mp \frac{1}{2} l(2).$$

Les méthodes d'intégration que nous avons indiquées, fournissent souvent les moyens de transformer une intégrale définie donnée en une autre plus simple. Ainsi, par exemple, quelle que soit la fonction $f(x)$, on tirera des formules établies dans la 27.$^e$ leçon

$$(10)\quad \int_{-\infty}^{\infty} f(x \pm a)\,dx = \int_{-\infty}^{\infty} f(z)\,dz = \int_{-\infty}^{\infty} f(x)\,dx,\ \int_0^\infty f(ax)\,dx = \frac{1}{a}\int_0^\infty f(x)\,dx, \&c.$$

$$\int_0^\infty x^{n-1} e^{-ax}\,dx = \frac{1}{a^n}\int_0^\infty x^{n-1} e^{-x}\,dx,\ \int_0^\infty \frac{\sin ax}{x}\,dx = \int_0^\infty \frac{\sin x}{x}\,dx,\ \&c...$$

Lorsque, dans une intégrale relative à la variable $x$, la fonction sous le signe $\int$ renferme une autre quantité $\mu$ dont la valeur est arbitraire, on peut considérer cette quantité $\mu$ comme une nouvelle variable, et l'intégrale elle-même comme une fonction de $\mu$. Parmi les fonctions de cette espèce, on doit remarquer celle que M. *Legendre* a désignée par la lettre $\Gamma$, et qui, pour des valeurs positives de $\mu$, se trouve définie par l'équation

$$(11)\qquad \Gamma(\mu) = \int_0^1 \left[l\left(\frac{1}{x}\right)\right]^{\mu-1} dx = \int_0^\infty z^{\mu-1} e^{-z}\,dz,$$

Cette fonction, dont *Euler* et M. *Legendre* se sont beaucoup occupés, satisfait, en vertu de ce qui précède, aux équations

$$(12)\quad \Gamma(1)=1,\ \Gamma(2)=1,\ \Gamma(3)=1.2,\ ...\ \Gamma(n)=1.2.3...(n-1),\ \int_0^\infty z^{n-1} e^{-az}\,dz = \frac{\Gamma(n)}{a^n},$$

$$(13)\quad \int_0^\infty z^{n-1} e^{-az}\cos bz\,dz = \frac{\Gamma(n)\cos\left(n\,\text{arc tang}\,\frac{b}{a}\right)}{(a^2+b^2)^{\frac{n}{2}}},\ \int_0^\infty z^{n-1} e^{-az}\sin bz\,dz = \frac{\Gamma(n)\sin\left(n\,\text{arc tang}\,\frac{b}{a}\right)}{(a^2+b^2)^{\frac{n}{2}}},$$

$$(14)\qquad \int_0^\infty z^{\mu-1} e^{-az}\,dz = \frac{\Gamma(\mu)}{a^\mu},\ \int_0^\infty \frac{x^{m-1}\,dx}{(1+x)^n} = \frac{\Gamma(m)\,\Gamma(n-m)}{\Gamma(n)},$$

dans lesquelles $n$ désigne un nombre entier, $m$ un autre nombre entier inférieur à $m$, et $\mu$ un nombre quelconque.

# TRENTE-TROISIÈME LEÇON.

*Différenciation et intégration sous le signe $\int$. Intégration des formules différentielles qui renferment plusieurs variables indépendantes.*

Soient $x$, $y$ deux variables indépendantes, $f(x, y)$ une fonction de ces deux variables, et $x_0$, $X$ deux valeurs particulières de $x$. On trouvera, en posant $\Delta y = \alpha\, dy$, et employant les notations adoptées dans la 13.e leçon,

$$\Delta_y \int_{x_0}^{X} f(x,y)\,dx = \int_{x_0}^{X} f(x, y+\Delta y)\,dx - \int_{x_0}^{X} f(x,y)\,dx = \int_{x_0}^{X} \Delta_y f(x,y)\,dx,$$

puis, en divisant par $\alpha\, dy$, et faisant converger $\alpha$ vers la limite zéro,

(1) $$\frac{d}{dy}\int_{x_0}^{X} f(x,y)\,dx = \int_{x_0}^{X} \frac{df(x,y)}{dy}\,dx.$$ On aura de même

(2) $$\frac{d}{dy}\int_{x_0}^{x} f(x,y)\,dx = \int_{x_0}^{x} \frac{df(x,y)}{dy}\,dx.$$

Il suit de ces formules que, pour différencier par rapport à $y$ les intégrales $\int_{x_0}^{X} f(x,y)\,dx$, $\int_{x_0}^{x} f(x,y)\,dx$, il suffit de *différencier sous le signe* $\int$ la fonction $f(x,y)$. Il en résulte encore que les équations

(3) $$\int_{x_0}^{X} f(x,y)\,dx = \mathcal{F}(y),\ \int_{x_0}^{x} f(x,y)\,dx = \mathcal{F}(x,y),\ \int f(x,y)\,dx = \mathcal{F}(x,y) + \mathcal{C},$$

entraînent toujours les suivantes

(4) $$\int_{x_0}^{X} \frac{df(x,y)}{dy}\,dx = \frac{d\mathcal{F}(y)}{dy},\ \int_{x_0}^{x} \frac{df(x,y)}{dy}\,dx = \frac{d\mathcal{F}(x,y)}{dy},\ \int \frac{df(x,y)}{dy}\,dx = \frac{d\mathcal{F}(x,y)}{dy} + \mathcal{C},$$

(5) $$\int_{x_0}^{X} \frac{d^n f(x,y)}{dy^n}\,dx = \frac{d^n\mathcal{F}(y)}{dy^n},\ \int_{x_0}^{x} \frac{d^n f(x,y)}{dy^n}\,dx = \frac{d^n\mathcal{F}(x,y)}{dy^n},\ \int \frac{d^n f(x,y)}{dy^n}\,dx = \frac{d^n\mathcal{F}(x,y)}{dy^n} + \mathcal{C}.$$

*Exemples.* En différenciant $n$ fois de suite par rapport à la quantité $a$ chacune des intégrales

$$\int \frac{dx}{x^2+a},\ \int_0^\infty \frac{dx}{x^2+a},\ \int e^{\pm ax}\,dx,\ \int_0^\infty e^{-ax}\,dx,\ \int_0^\infty x^{t-1}e^{-ax}\,dx,$$ on trouvera

$$\int \frac{1.2\ldots n\,dx}{(x^2+a)^{n+1}} = \pm \frac{d^n\left(\frac{1}{\sqrt{a}}\operatorname{arc\,tang}\frac{x}{\sqrt{a}}\right)}{da^n} + \mathcal{C},\ \int_0^\infty \frac{1.2\ldots n\,dx}{(x^2+a)^{n+1}} = \pm\frac{\pi}{2}\frac{d^n\left(\frac{1}{\sqrt{a}}\right)}{da^n} = \frac{1.3.5\ldots(2n-1)\,\pi}{2^n a^n \sqrt{a}};$$

$$\int_0^\infty \frac{dx}{(1+x^2)^{n+1}} = \frac{1.3.5\ldots(2n-1)}{2.4.6\ldots(2n)}\frac{\pi}{2},\ \int x^n e^{\pm ax}\,dx = \pm\frac{d^n(a^{-1}e^{\pm ax})}{da^n} + \mathcal{C},\ \int_0^\infty x^n e^{-ax}\,dx = \pm\frac{d^n(a^{-1})}{da^n} = \frac{1.2.3\ldots n}{a^{n+1}},$$

$$\int_0^\infty x^{\mu+n-1} e^{-ax}\, dx = \frac{\mu(\mu+1)\ldots(\mu+n-1)}{a^{\mu+n}}\,\Gamma(\mu),\ \Gamma(\mu+n) = \mu(\mu+1)\ldots(\mu+n-1)\,\Gamma(\mu).$$

Concevons maintenant que la fonction $f(x, y)$ soit continue par rapport aux deux variables $x$ et $y$, toutes les fois que $x$ reste compris entre les limites $x_0$, $X$, et $y$ entre les limites $y_0$, $Y$. Il est aisé de voir que, pour de semblables valeurs de $x$ et de $y$, la seconde des équations (3) entraînera la suivante

$$(6)\qquad \int_{x_0}^{x}\int_{y_0}^{y} f(x,y)\,dy\,dx = \int_{y_0}^{y} \mathcal{F}(x,y)\,dy = \int_{y_0}^{y}\int_{x_0}^{x} f(x,y)\,dx\,dy.$$

En effet, on tirera de la formule (2) $\frac{d}{dy}\int_{x_0}^{x}\int_{y_0}^{y} f(x,y)\,dy\,dx = \int_{x_0}^{x} f(x,y)\,dx$, puis, en multipliant les deux membres par $dy$, et les intégrant par rapport à $y$, à partir de $y=0$, on retrouvera la formule (6). On aura par suite

$$(7)\quad \int_{x_0}^{X}\int_{y_0}^{y} f(x,y)\,dy\,dx = \int_{y_0}^{y}\int_{x_0}^{X} f(x,y)\,dx\,dy,\ \int_{x_0}^{X}\int_{y_0}^{Y} f(x,y)\,dy\,dx = \int_{y_0}^{Y}\int_{x_0}^{X} f(x,y)\,dx\,dy.$$

Il résulte des formules (6) et (7) que, pour intégrer par rapport à $y$, et à partir de $y=y_0$, les expressions $\int_{x_0}^{x} f(x, y)\,dx$, $\int_{x_0}^{X} f(x, y)\,dx$, multipliées par la différentielle $dy$, il suffit d'*intégrer sous le signe* $\int$, et à partir de $y=y_0$, la fonction $f(x, y)$ multipliée par cette même différentielle.

Souvent l'intégration sous le signe $\int$, fait connaître les valeurs de certaines intégrales définies, quoique l'on n'ait aucun moyen d'évaluer les intégrales indéfinies correspondantes. Ainsi, quoique l'on ne sache pas déterminer en fonction de $x$ l'intégrale indéfinie $\int \frac{x^\mu - x^\nu}{l(x)}\frac{dx}{x}$ [$\mu$, $\nu$ étant deux quantités positives], néanmoins, comme on a généralement, pour des valeurs positives de $\mu$,

$$(8)\qquad \int_0^1 x^{\mu-1}\,dx = \frac{1}{\mu},$$

on en conclut, en multipliant les deux membres par $d\mu$, puis intégrant par rapport à $\mu$, à partir de $\mu=\nu$,

$$(9)\qquad \int_0^1 \frac{x^\mu - x^\nu}{l(x)}\,\frac{dx}{x} = l\left(\frac{\mu}{\nu}\right).$$

Parmi les formules de ce genre, on doit remarquer encore celles que nous allons établir.

Si l'on désigne par $a$, $b$, $c$ des quantités positives, une intégration sous le signe $\int$, relative à la quantité $a$, effectuée à partir de $a = c$, et appliquée aux intégrales définies

$$(10)\quad \int_0^\infty e^{-ax}dx = \frac{1}{a},\ \int_0^\infty e^{-ax}\cos bx\, dx = \frac{a}{a^2+b^2},\ \int_0^\infty e^{-ax}\sin bx\, dx = \frac{b}{a^2+b^2},$$

produira les formules

$$(11)\quad \begin{cases} \int_0^\infty \frac{e^{-cx}-e^{-ax}}{x}dx = l\left(\frac{a}{c}\right),\ \int_0^\infty \frac{e^{-cx}-e^{-ax}}{x}\cos bx\, dx = \frac{1}{2}l\left(\frac{a^2+b^2}{c^2+b^2}\right), \\ \int_0^\infty \frac{e^{-cx}-e^{-ax}}{x}\sin bx\, dx = \text{arc tang}\frac{a}{b} - \text{arc tang}\frac{c}{b}, \end{cases}$$

desquelles on tirera, en posant $c = 0$ et $a = \infty$,

$$(12)\quad \int_0^\infty \frac{dx}{x} = \infty,\ \int_0^\infty \cos bx\frac{dx}{x} = \infty,\ \int_0^\infty \sin bx\frac{dx}{x} = \frac{\pi}{2}.$$

De plus, comme on a, pour des valeurs positives de $b$ [*voyez* la 32.<sup></sup>e leçon],

$$\int_0^\infty z^{b-1}e^{-z(1+x)}dz = \frac{\Gamma(b)}{(1+x)^b},\ \text{et par suite}\ \frac{x^{a-1}}{(1+x)^b} = \frac{1}{\Gamma(b)}\int_0^\infty x^{a-1}e^{-zx}z^{b-1}e^{-z}dz,$$

on en conclura, en supposant $a$ et $b$ positifs, ainsi que $b - a$,

$$(13)\quad \int_0^\infty \frac{x^{a-1}dx}{(1+x)^b} = \frac{\Gamma(a)}{\Gamma(b)}\int_0^\infty z^{b-a-1}e^{-z}dz = \frac{\Gamma(a)\Gamma(b-a)}{\Gamma(b)};$$

puis en faisant $b = 1$, prenant pour $a$ un nombre de la forme $\frac{2m+1}{2n}$, et ayant égard à l'équation $\Gamma(1) = 1$, on trouvera [*voyez* la formule (8), 32.e leçon]

$$(14)\quad \Gamma(a)\Gamma(1-a) = \frac{\pi}{\sin a\pi},\ [\Gamma(\tfrac{1}{2})]^2 = \pi,\ \Gamma(\tfrac{1}{2}) = \pi^{\frac{1}{2}} = \int_0^\infty z^{-\frac{1}{2}}e^{-z}dz = \int_{-\infty}^{\infty}e^{-x^2}dx.$$

Soient maintenant $\varphi(x,y)$, $\chi(x,y)$ deux fonctions propres à vérifier l'équation

$$(15)\quad \frac{d\varphi(x,y)}{dy} = \frac{d\chi(x,y)}{dx}.$$

Si l'on substitue successivement les deux membres de cette équation à la place de $f(x,y)$ dans la formule (6), on obtiendra la suivante

$$(16)\quad \int_{x_0}^{x}[\varphi(x,y)-\varphi(x,y_0)]dx = \int_{y_0}^{y}[\chi(x,y)-\chi(x_0,y)]dy.$$

Celle-ci subsiste toutes les fois que les fonctions $\varphi(x,y)$, $\chi(x,y)$ restent l'une et l'autre finies et continues par rapport aux variables $x$ et $y$, entre les limites des intégrations.

Concevons à-présent que l'on cherche une fonction de $u$ propre à vérifier l'équation

(17) $$du = \phi(x,y)\,dx + \chi(x,y)\,dy,$$

ou, ce qui revient au même, les deux suivantes

(18) $$\frac{du}{dx} = \phi(x,y),$$ (19) $$\frac{du}{dy} = \chi(x,y).$$

On ne pourra évidemment y parvenir que dans le cas où la formule (15), dont chaque membre sera équivalent à $\frac{d^2 u}{dx\,dy}$, se trouvera satisfaite. J'ajoute qu'en supposant cette condition remplie, on résoudra facilement la question proposée. En effet, soient $x_0$, $y_0$ des valeurs particulières de $x$, $y$, et $C$ une constante arbitraire. Pour vérifier l'équation (18), il suffira de prendre

(20) $$u = \int_{x_0}^{x} \phi(x,y)\,dx + v,$$

$v$ désignant une fonction arbitraire de la variable $y$; et, comme on tire de la formule (20)

$$\frac{du}{dy} = \int_{x_0}^{x} \frac{d\phi(x,y)}{dy}\,dx + \frac{dv}{dy} = \int_{x_0}^{x} \frac{d\chi(x,y)}{dx}\,dx + \frac{dv}{dy} = \chi(x,y) - \chi(x_0,y) + \frac{dv}{dy},$$

il est clair qu'on vérifiera en outre l'équation (19), si l'on pose

(21) $$\frac{dv}{dy} - \chi(x_0,y) = 0, \quad v = \int \chi(x_0,y)\,dy = \int_{y_0}^{y} \chi(x_0,y)\,dy + C.$$

Par conséquent la valeur générale de $u$ sera

(22) $$u = \int_{x_0}^{x} \phi(x,y)\,dx + \int \chi(x_0,y)\,dy = \int_{x_0}^{x} \phi(x,y)\,dx + \int_{y_0}^{y} \chi(x_0,y)\,dy + C.$$

Lorsque dans les équations précédentes on échange entre elles les variables $x$, $y$, on obtient une seconde valeur de $u$ qui s'accorde évidemment avec la première, en vertu de la formule (16).

On intégrerait avec la même facilité la différentielle d'une fonction de trois, quatre ... variables indépendantes, et l'on prouverait, par exemple, que, si les conditions

(23) $$\frac{d\chi(x,y,z)}{dz} = \frac{d\psi(x,y,z)}{dy}, \quad \frac{d\psi(x,y,z)}{dx} = \frac{d\phi(x,y,z)}{dz}, \quad \frac{d\phi(x,y,z)}{dx} = \frac{d\chi(x,y,z)}{dy}$$

se trouvent remplies, la valeur générale de $u$ propre à vérifier l'équation

(24) $$du = \phi(x,y,z)\,dx + \chi(x,y,z)\,dy + \psi(x,y,z)\,dz$$ sera

(25) $$u = \int_{x_0}^{x} \phi(x,y,z)\,dx + \int_{y_0}^{y} \chi(x_0,y,z)\,dy + \int_{z_0}^{z} \psi(x_0,y_0,z)\,dz + C,$$

$x_0$, $y_0$, $z_0$ désignant des valeurs particulières des variables $x$, $y$, $z$.

## TRENTE-QUATRIÈME LEÇON.

*Comparaison des deux espèces d'Intégrales simples qui résultent dans certains cas d'une Intégration double.*

CONCEVONS que l'équation (15) de la leçon précédente soit vérifiée. Si l'on intègre deux fois cette équation, savoir, une fois par rapport à $x$ entre les limites $x_0$, $X$, et une fois par rapport à $y$ entre les limites $y_0$, $Y$, on trouvera

$$(1)\qquad \int_{x_0}^{X} [\varphi(x,Y)-\varphi(x,y_0)]\,dx = \int_{y_0}^{Y} [\chi(X,y)-\chi(x_0,y)]\,dy.$$

Cette dernière formule établit une relation digne de remarque entre les intégrales qu'elle renferme. Mais elle cesse d'être exacte, lorsque les fonctions $\varphi(x,y)$, $\chi(x,y)$ deviennent infinies pour un ou plusieurs systèmes de valeurs de $x$ et de $y$ compris entre les limites $x=x_0$, $x=X$ ; $y=y_0$, $y=Y$. Imaginons d'abord que ces systèmes se réduisent à un seul, savoir, $x=a$, $y=b$. Dans ce cas particulier, les expressions déduites par une intégration double des deux membres de la formule (15) [33.[e] leçon] pourront différer l'une de l'autre. Mais elles redeviendront toujours égales, si dans le calcul on a eu soin de remplacer chaque intégrale relative à $x$ par sa valeur principale. Cette observation suffit pour montrer de quelle manière l'équation (1) devra être modifiée. En effet, si l'on désigne par $\varepsilon$ un nombre infiniment petit, on trouvera, dans l'hypothèse admise,

$$(2)\quad \left\{\begin{aligned} &\int_{x_0}^{a-\varepsilon} [\varphi(x,Y)-\varphi(x,y_0)]\,dx + \int_{a+\varepsilon}^{X} [\varphi(x,Y)-\varphi(x,y_0)]\,dx \\ &= \int_{y_0}^{Y} [\chi(X,y)-\chi(a+\varepsilon,y)+\chi(a-\varepsilon,y)-\chi(x_0,y)]\,dy\,; \end{aligned}\right.$$

puis l'on en conclura, en faisant converger $\varepsilon$ vers la limite zéro,

$$(3)\qquad \int_{x_0}^{X} [\varphi(x,Y)-\varphi(x,y_0)]\,dx = \int_{x_0}^{X} [\chi(X,y)-\chi(x_0,y)]\,dy - \Delta\,;$$

la valeur de $\Delta$ étant déterminée par la formule

$$(4)\qquad \Delta = \lim \int_{y_0}^{Y} [\chi(a+\varepsilon,y)-\chi(a-\varepsilon,y)]\,dy.$$

Dans le cas général, $\Delta$ sera la somme de plusieurs termes semblables au second membre de l'équation (4).

*Exemple.* Si l'on pose $\varphi(x,y) = \frac{-y}{x^2+y^2}$, $\chi(x,y) = \frac{x}{x^2+y^2}$, $x_0 = -1$, $X = 1$, $y_0 = -1$, $Y = 1$, les équations (3) et (4) donneront

$$\int_{-1}^{1} \frac{-2\,dx}{1+x^2} = \int_{-1}^{1} \frac{2\,dy}{1+y^2} - \Delta, \qquad \Delta = lim \int_{-1}^{1} \frac{2\varepsilon\,dy}{\varepsilon^2+y^2} = 2\pi.$$

Il est facile de voir que les fonctions $\varphi(x,y)$, $\chi(x,y)$ vérifieront l'équation (15) de la 33.[e] leçon, si l'on a $\varphi(x,y)dx + \chi(x,y)dy = f(u)du$, et par suite

$$(5) \qquad \varphi(x,y) = f(u)\frac{du}{dx}, \quad \chi(x,y) = f(u)\frac{du}{dy},$$

$u$ désignant une fonction quelconque des variables $x$, $y$.

Il est encore facile de s'assurer que les formules (1) et (3) subsistent sous les conditions énoncées, dans le cas même où les fonctions $\varphi(x,y)$, $\chi(x,y)$ deviennent imaginaires. Concevons, par exemple, que, la fonction $f(x)$ étant algébrique, on pose $u = x + y\sqrt{-1}$. On tirera des équations (5) $\varphi(x,y) = f(x+y\sqrt{-1})$, $\chi(x,y) = \sqrt{-1}\,f(x+y\sqrt{-1})$, et de la formule (3)

$$(6) \int_{x_0}^{X} [f(x+Y\sqrt{-1}) - f(x+y_0\sqrt{-1})]dx = \sqrt{-1}\int_{y_0}^{Y} [f(X+y\sqrt{-1}) - f(x_0+y\sqrt{-1})]dy - \Delta.$$

Dans cette dernière, $\Delta$ s'évanouira, si la fonction $f(x+y\sqrt{-1})$ reste finie et continue pour toutes les valeurs de $x$ et de $y$ comprises entre les limites $x = x_0$, $x = X$, $y = y_0$, $y = Y$. Mais, si, entre ces mêmes limites, la fonction $f(x+y\sqrt{-1})$ devient infinie pour le système de valeurs $x = a$, $y = b$, alors la valeur de $\Delta$ sera donnée par l'équation (4); et, si l'on fait, pour abréger,

$$(7) \qquad (x-a-b\sqrt{-1})f(x) = \mathfrak{F}(x), \quad y = b + \varepsilon z, \quad z_0 = -\frac{b-y_0}{\varepsilon}, \quad Z = \frac{Y-b}{\varepsilon},$$

on trouvera

$$(8) \qquad \Delta = \sqrt{-1}\; lim \int_{y_0}^{Y} [f(a+\varepsilon+y\sqrt{-1}) - f(a-\varepsilon+y\sqrt{-1})]dy$$

$$= \sqrt{-1}\; lim \int_{z_0}^{Z} \left\{ \frac{\mathfrak{F}[a+\varepsilon+(b+\varepsilon z)\sqrt{-1}]}{1+z\sqrt{-1}} - \frac{\mathfrak{F}[a-\varepsilon+(b+\varepsilon z)\sqrt{-1}]}{-1+z\sqrt{-1}} \right\} dz.$$

Soient maintenant

$$(9) \qquad \frac{\mathfrak{F}[a+\varepsilon+(b+\varepsilon z)\sqrt{-1}]}{1+z\sqrt{-1}} - \frac{\mathfrak{F}[a-\varepsilon+(b+\varepsilon z)\sqrt{-1}]}{-1+z\sqrt{-1}} = \varpi(\varepsilon) + \sqrt{-1}\,\psi(\varepsilon),$$

$$(10) \qquad \frac{\varpi(\varepsilon)-\varpi(0)}{\varepsilon} = \alpha, \quad \frac{\psi(\varepsilon)-\psi(0)}{\varepsilon} = \beta,$$

$\varpi(\varepsilon)$, $\psi(\varepsilon)$, et par suite $\alpha$, $\beta$, étant des quantités réelles. Supposons d'ailleurs que $Y$ surpasse $y_0$, et que les fonctions $\mathcal{F}(x+y\sqrt{-1})$, $\mathcal{F}'(x+y\sqrt{-1})$ restent finies et continues par rapport aux variables $x$ et $y$ entre les limites $x_0$, $X$; $y_0$, $Y$. Comme on aura, en vertu de la formule (9),

$$\begin{aligned}\varpi'(\varepsilon)+\sqrt{-1}\,\psi'(\varepsilon) &= \mathcal{F}'[a+\varepsilon+(b+\varepsilon z)\sqrt{-1}]-\mathcal{F}'[a-\varepsilon+(b+\varepsilon z)\sqrt{-1}]\\ &= \mathcal{F}'(a+\varepsilon+y\sqrt{-1})-\mathcal{F}'(a-\varepsilon+y\sqrt{-1}),\end{aligned}$$

il est clair que les valeurs numériques des quantités $\varpi'(\varepsilon)$, $\psi'(\varepsilon)$ resteront toujours très-petites aussi bien que celles des deux quantités $\alpha$, $\beta$ dont chacune peut être présentée sous la forme $\varpi'(\theta\varepsilon)$ ou $\psi'(\theta\varepsilon)$, $\theta$ désignant un nombre inférieur à l'unité. Cela posé, on trouvera

$$lim \int_{z_0}^{Z} \varepsilon(\alpha+\beta\sqrt{-1})\,dz = lim \int_{y_0}^{Y} (\alpha+\beta\sqrt{-1})\,dy = 0,$$

$$lim \int_{z_0}^{Z} [\varpi(\varepsilon)+\sqrt{-1}\,\psi(\varepsilon)]\,dz = \int_{z_0}^{Z} [\varpi(0)+\sqrt{-1}\,\psi(0)]\,dz,$$

puis, en faisant $\mathrm{f} = \mathcal{F}(a+b\sqrt{-1}) = lim.\, \varepsilon f(a+b\sqrt{-1}+\varepsilon)$,

$$(11)\quad \Delta = \sqrt{-1}\int_{-\infty}^{\infty} [\varpi(0)+\sqrt{-1}\,\psi(0)]\,dz = 2\mathrm{f}\sqrt{-1}\int_{-\infty}^{\infty}\frac{dz}{1+z^2} = 2\pi\mathrm{f}\sqrt{-1}.$$

Si l'on avait $y_0 = b$ ou $Y = b$, l'intégrale relative à $z$ dans la formule (11) ne devrait plus être prise qu'entre les limites $z = 0$, $z = \infty$, ou bien entre les limites $z = -\infty$, $z = 0$, et par suite la valeur de $\Delta$ se réduirait à $\pi\mathrm{f}\sqrt{-1}$. Dans la même hypothèse, le premier membre de l'équation (6) serait la valeur principale d'une intégrale indéterminée. Il est encore essentiel d'observer que $a+b\sqrt{-1}$ représente une racine de l'équation

$$(12)\qquad f(x) = \pm\infty.$$

Si cette équation admettait plusieurs racines dans lesquelles les parties réelles fussent comprises entre les limites $x_0$, $X$, et les coefficiens de $\sqrt{-1}$ entre les limites $y_0$, $Y$; alors, en désignant par $x_1$, $x_2 \ldots x_m$ ces mêmes racines, et par $\mathrm{f}_1$, $\mathrm{f}_2 \ldots \mathrm{f}_m$ les véritables valeurs que reçoivent les produits

$$(x-x_1)f(x),\quad (x-x_2)f(x)\ \ldots\ (x-x_m)f(x),$$

tandis que leurs premiers facteurs s'évanouissent, on trouverait

$$(13)\qquad \Delta = 2\pi[\mathrm{f}_1+\mathrm{f}_2+\ldots+\mathrm{f}_m]\sqrt{-1}.$$

Ajoutons que chacun des termes $\mathrm{f}_1$, $\mathrm{f}_2, \ldots \mathrm{f}_m$ doit être réduit à moitié, toutes les fois que dans la racine correspondante le coefficient de $\sqrt{-1}$ coïncide avec l'une des limites $y_0$, $Y$.

Lorsque la fonction $f(x+y\sqrt{-1})$ s'évanouit, 1.° pour $x=\pm\infty$, quel que soit $y$; 2.° pour $y=\infty$, quel que soit $x$, alors, en prenant $x_0=-\infty$, $X=+\infty$, $y_0=0$, $Y=\infty$, on tire de la formule (6)

$$(14)\qquad \int_{-\infty}^{+\infty} f(x)\,dx=\Delta.$$

Lorsque la fonction $f(x)$ se présente sous la forme $\frac{\mathrm{f}(x)}{\mathrm{F}(x)}$, et que ceux des termes $\mathrm{f}_1, \mathrm{f}_2, \ldots \mathrm{f}_m$ qui ne s'évanouissent pas correspondent tous à des racines de l'équation

$$(15)\qquad \mathrm{F}(x)=0,$$

l'expression $\Delta$ peut évidemment s'écrire comme il suit :

$$(16)\quad \Delta=2\pi\left[\frac{\mathrm{f}(x_1)}{\mathrm{F}'(x_1)}+\frac{\mathrm{f}(x_2)}{\mathrm{F}'(x_2)}+\ldots+\frac{\mathrm{f}(x_m)}{\mathrm{F}'(x_m)}\right]\sqrt{-1},$$ et l'équation (14) devient

$$(17)\quad \int_{-\infty}^{\infty}\frac{\mathrm{f}(x)}{\mathrm{F}(x)}\,dx=2\pi\left[\frac{\mathrm{f}(x_1)}{\mathrm{F}'(x_1)}+\frac{\mathrm{f}(x_2)}{\mathrm{F}'(x_2)}+\ldots+\frac{\mathrm{f}(x_m)}{\mathrm{F}'(x_m)}\right]\sqrt{-1}.$$

Dans le second membre de celle-ci, on doit seulement admettre les racines réelles de l'équation (15) avec les racines imaginaires dans lesquelles le coefficient de $\sqrt{-1}$ est positif, en ayant soin de réduire à moitié tous les termes qui correspondent à des racines réelles. Cela posé, on trouvera, pour $\mathrm{F}(x)=1+x^2$, $x_1=\sqrt{-1}$,

$$(18)\qquad \int_{-\infty}^{\infty}\frac{\mathrm{f}(x)}{1+x^2}\,dx=\pi\,\mathrm{f}(\sqrt{-1});$$

et pour $\mathrm{F}(x)=1-x^2$, $x_1=-1$, $x_2=+1$,

$$(19)\qquad \int_{-\infty}^{\infty}\frac{\mathrm{f}(x)}{1-x^2}\,dx=\frac{\pi}{2}\left[\mathrm{f}(-1)-\mathrm{f}(1)\right]\sqrt{-1}.$$

Cette dernière formule donne simplement la valeur principale de l'intégrale qu'elle renferme.

*Exemples.* Soit $\mu$ un nombre compris entre 0 et 2. Si l'on pose $\mathrm{f}(x)=(-x\sqrt{-1})^{\mu-1}$, l'expression imaginaire $\mathrm{f}(x+y\sqrt{-1})=(y-x\sqrt{-1})^{\mu-1}$ conservera une valeur unique et déterminée, tant que $y$ restera positive [*voyez* l'*Analyse algébrique*, chap. VII]; et l'on tirera des formules (18) et (19)

$$(20)\ \int_{-\infty}^{\infty}\frac{(-x\sqrt{-1})^{\mu-1}}{1+x^2}\,dx=[(-\sqrt{-1})^{\mu-1}+(\sqrt{-1})^{\mu-1}]\int_0^{\infty}\frac{x^{\mu-1}dx}{1+x^2}=\pi,\ \int_0^{\infty}\frac{x^{\mu-1}dx}{1+x^2}=\frac{\pi}{2\sin(\frac{1}{2}\mu\pi)}.$$

$$(21)\ \int_{-\infty}^{\infty}\frac{(-x\sqrt{-1})^{\mu-1}}{1-x^2}\,dx=\frac{\pi}{2}\left[(\sqrt{-1})^{\mu}+(-\sqrt{-1})^{\mu}\right],\ \int_0^{\infty}\frac{x^{\mu-1}dx}{1-x^2}=\frac{\pi\cos(\frac{1}{2}\mu\pi)}{2\sin(\frac{1}{2}\mu\pi)}=\frac{\pi}{2\,\mathrm{tang}(\frac{1}{2}\mu\pi)}.$$

Si, dans la dernière des équations (20) et la dernière des équations (21), l'on remplace $x^2$ par $z$ et $\mu$ par $2a$, on reproduira les formules (8) et (9) de la 32.e leçon, qui se trouveront ainsi démontrées, avec la première des équations (14) de la 33.e, pour toutes les valeurs de $a$ comprises entre les limites 0 et 1.

# TRENTE-CINQUIÈME LEÇON.

*Différentielle d'une Intégrale définie par rapport à une variable comprise dans la fonction sous le signe $\int$, et dans les limites de l'intégration. Intégrales des divers ordres pour les fonctions d'une seule variable.*

---

SOIT

(1) $$A = \int_{z_0}^{Z} f(x, z)\, dz$$

une intégrale définie relative à $z$. Si, dans cette intégrale, on fait varier séparément, et indépendamment l'une de l'autre, les trois quantités $Z$, $z_0$, $x$, on trouvera, en vertu des formules (5) [26.e leçon], et de la formule (2) [33.e leçon],

(2) $$\frac{dA}{dZ} = f(x, Z), \quad \frac{dA}{dz_0} = -f(x, z_0), \quad \frac{dA}{dx} = \int_{z_0}^{Z} \frac{df(x,z)}{dx}\, dz.$$

Par suite, si les deux quantités $z_0$, $Z$, deviennent fonctions de la variable $x$, on aura, en considérant $A$ comme une fonction de cette seule variable,

(3) $$\frac{dA}{dx} = \int_{z_0}^{Z} \frac{df(x,z)}{dx}\, dz + f(x, Z)\frac{dZ}{dx} - f(x, z_0)\frac{dz_0}{dx}.$$

Dans le cas particulier où $z_0$ se réduit à une constante, et $f(x, Z)$ à zéro, on a simplement

(4) $$\frac{d}{dx}\int_{z_0}^{Z} f(x, z)\, dz = \int_{z_0}^{Z} \frac{df(x,z)}{dx}\, dz.$$

*Exemple.* Soient $z_0 = x_0$ [$x_0$ désignant une valeur particulière et constante de $x$], $Z = x$, et $f(x, z) = (x - z)^m f(z)$; on obtiendra la formule

(5) $$\frac{d}{dx}\int_{x_0}^{x} (x-z)^m f(z)\, dz = m\int_{x_0}^{x} (x-z)^{m-1} f(z)\, dz,$$

de laquelle on conclura

(6) $$\int_{x_0}^{x}\int_{x_0}^{x} (x-z)^{m-1} f(z)\, dz\, dx = \frac{1}{m}\int_{x_0}^{x} (x-z)^m f(z)\, dz.$$

et

(7) $$\int\int_{x_0}^{x}(x-z)^{m-1}f(z)\,dz\,dx=\frac{1}{m}\int_{x_0}^{x}(x-z)^{m}f(z)\,dz+\mathcal{C},$$

$\mathcal{C}$ étant une constante arbitraire. Si $m$ se réduit à l'unité, la formule (6) donnera

(8) $$\int_{x_0}^{x}\int_{x_0}^{x}f(z)\,dz\,dx=\int_{x_0}^{x}(x-z)\,f(z)\,dz.$$

Il est maintenant facile de résoudre la question suivante.

PROBLÈME. *Trouver la valeur générale de y propre à vérifier l'équation*

(9) $$\frac{d^n y}{dx^n}=f(x).$$

*Solution.* Comme on peut mettre l'équation (9) sous la forme

$$d\left(\frac{d^{n-1}y}{dx^{n-1}}\right)=f(x)\,dx,$$

on en conclura, en intégrant les deux membres par rapport à $x$,

$$\frac{d^{n-1}y}{dx^{n-1}}=\int f(x)\,dx=\int_{x_0}^{x}f(x)\,dx+\mathcal{C};$$

ou, ce qui revient au même,

(10) $$\frac{d^{n-1}y}{dx^{n-1}}=\int_{x_0}^{x}f(z)\,dz+\mathcal{C}.$$

En intégrant de nouveau, et plusieurs fois de suite, par rapport à la variable $x$, entre les limites $x_0$, $x$, ayant égard aux formules (6) et (8), puis, ajoutant au résultat de chaque intégration une nouvelle constante arbitraire, on trouvera successivement

(11) $$\left\{\begin{aligned}
&\frac{d^{n-2}y}{dx^{n-2}}=\int_{x_0}^{x}(x-z)\,f(z)\,dz+\mathcal{C}(x-x_0)+\mathcal{C}_1,\\
&\frac{d^{n-3}y}{dx^{n-3}}=\int_{x_0}^{x}\frac{(x-z)^2}{1.2}f(z)\,dz+\mathcal{C}\frac{(x-x_0)^2}{1.2}+\mathcal{C}_1(x-x_0)+\mathcal{C}_2,\\
&\&c.\ldots\ldots\\
&\frac{dy}{dx}=\int_{x_0}^{x}\frac{(x-z)^{n-2}}{1.2.3\ldots(n-2)}f(z)\,dz+\mathcal{C}\frac{(x-x_0)^{n-2}}{1.2\ldots(n-2)}+\mathcal{C}_1\frac{(x-x_0)^{n-3}}{1.2\ldots(n-3)}+\mathcal{C}_2\frac{(x-x_0)^{n-4}}{1.2\ldots(n-4)}+\ldots+\mathcal{C}_{n-2};
\end{aligned}\right.$$

et enfin

(12) $$y=\int_{x_0}^{x}\frac{(x-z)^{n-1}}{1.2.3\ldots(n-1)}f(z)\,dz+\mathcal{C}\frac{(x-x_0)^{n-1}}{1.2\ldots(n-1)}+\mathcal{C}_1\frac{(x-x_0)^{n-2}}{1.2\ldots(n-2)}+\mathcal{C}_2\frac{(x-x_0)^{n-3}}{1.2\ldots(n-3)}\ldots+\mathcal{C}_{n-1}(x-x_0)+\mathcal{C}_n,$$

$\mathcal{C}$, $\mathcal{C}_1$, $\mathcal{C}_2\ldots$, $\mathcal{C}_{n-1}$, $\mathcal{C}_n$ étant les diverses constantes arbitraires. Il importe d'observer que l'intégrale définie comprise dans le second membre de l'équation (12), peut être aisément transformée à l'aide de la formule (17) [22.e leçon]. En effet, si dans cette formule on remplace $x$ par $z$, et $X$ par $x$, on en tirera

$$(13)\qquad \int_{x_0}^{x} f(z)\,dz = \int_0^{x-x_0} f(x_0+z)\,dz = \int_0^{x-x_0} f(x-z)\,dz,$$

et par suite

$$(14)\quad \int_{x_0}^{x} \frac{(x-z)^{n-1}}{1.2.3\ldots(n-1)} f(z)\,dz = \int_0^{x-x_0} \frac{(x-x_0-z)^{n-1}}{1.2.3\ldots(n-1)} f(x_0+z)\,dz = \int_0^{x-x_0} \frac{z^{n-1}}{1.2.3\ldots(n-1)} f(x-z)\,dz.$$

Si l'on prenait, pour plus de simplicité, $x_0 = 0$, la valeur de $y$, donnée par l'équation (12), se réduirait à

$$(15)\quad y = \int_0^{x} \frac{(x-z)^{n-1}}{1.2.3\ldots(n-1)} f(z)\,dz + C\,\frac{x^{n-1}}{1.2\ldots(n-1)} + C_1\,\frac{x^{n-2}}{1.2\ldots(n-2)} + C_2\,\frac{x^{n-3}}{1.2\ldots(n-3)} + \ldots + C_{n-2}\,x + C_{n-1},$$

et la formule (14) deviendrait

$$(16)\qquad \int_0^{x} \frac{(x-z)^{n-1}}{1.2.3\ldots(n-1)} f(z)\,dz = \int_0^{x} \frac{z^{n-1}}{1.2.3\ldots(n-1)} f(x-z)\,dz.$$

Lorsqu'on se sert d'intégrales indéfinies, et que l'on se contente d'indiquer les intégrations successives, les valeurs des fonctions

$$\frac{d^{n-1}y}{dx^{n-1}},\quad \frac{d^{n-2}y}{dx^{n-2}},\quad \frac{d^{n-3}y}{dx^{n-3}},\quad \&c.\ldots\ldots\ldots\ldots y,$$

tirées de l'équation (9), se présentent sous la forme

$$\int f(x)\,dx,\ \int\!\cdot\!\int f(x)\,dx.dx,\ \int\!\cdot\!\int\!\cdot\!\int f(x)\,dx.dx.dx,\ \&c.\ldots \int\!\cdot\!\int\!\cdot\!\int\ldots\int f(x)\,dx\ldots dx.dx.dx.$$

Ces dernières expressions sont ce que nous appellerons des *intégrales* du premier, du second, du troisième ... ordre, et enfin de l'*ordre n*, relativement à la variable $x$. Pour abréger, nous les désignerons dorénavant par les notations

$$(17)\qquad \int f(x)\,dx,\ \iint f(x)\,dx^2,\ \iiint f(x)\,dx^3,\ \ldots\ldots \iint\ldots f(x)\,dx^n,$$

auxquelles nous substituerons les suivantes

$$(18)\quad \int_{x_0}^{x} f(x)\,dx,\ \int_{x_0}^{x}\!\int_{x_0}^{x} f(x)\,dx^2,\ \int_{x_0}^{x}\!\int_{x_0}^{x}\!\int_{x_0}^{x} f(x)\,dx^3,\ \ldots\ldots \int_{x_0}^{x}\!\int_{x_0}^{x}\ldots f(x)\,dx^n,$$

quand nous supposerons chaque intégration relative à $x$ effectuée entre les limites $x_0$, $x$. Cela posé, on aura évidemment

$$(19)\qquad \int_{x_0}^{x}\int_{x_0}^{x}\ldots f(x)\,dx^n=\int_{x_0}^{x}\frac{(x-z)^{n-1}}{1.2.3\ldots(n-1)}f(z)\,dz=$$

$$\frac{1}{1.2\ldots(n-1)}\left\{x^{n-1}\int_{x_0}^{x}f(z)dz-\frac{n-1}{1}x^{n-2}\int_{x_0}^{x}zf(z)dz+\frac{(n-1)(n-2)}{1.2}\int_{x_0}^{x}z^2f(z)dz\ldots\pm\int_{x_0}^{x}z^{n-1}f(z)dz\right\},$$

ou, ce qui revient au même,

$$(20)\int_{x_0}^{x}\int_{x_0}^{x}\ldots f(x)dx^n=\frac{1}{1.2\ldots(n-1)}\left\{x^{n-1}\int_{x_0}^{x}f(x)dx-\frac{n-1}{1}x^{n-2}\int_{x_0}^{x}xf(x)dx\ldots\pm\int_{x_0}^{x}x^{n-1}f(x)dx\right\}.$$

On peut vérifier directement la formule (20), à l'aide de plusieurs intégrations par parties.

Soit maintenant $F(x)$ une valeur particulière $y$ propre à vérifier l'équation (9), en sorte qu'on ait

$$(21)\qquad F^{(n)}(x)=f(x).$$

Si la fonction $F(x)$, et ses dérivées successives, jusqu'à celle de l'ordre $n$, restent continues entre les limites $x_0$, $x$, alors, en posant $x=x_0$ dans les formules (10), (11) et (12), on trouvera

$$(22)\quad c=F^{(n-1)}(x_0),\ c_1=F^{(n-2)}(x_0),\ c_2=F^{(n-3)}(x_0),\ \ldots\ c_{n-1}=F'(x_0),\ c_n=F(x_0),$$

et la formule (12) donnera

$$(23)\quad F(x)=F(x_0)+\frac{x-x_0}{1}F'(x_0)+\ldots+\frac{(x-x_0)^{n-1}}{1.2\ldots(n-1)}F^{(n-1)}(x_0)+\int_{x_0}^{x}\frac{(x-z)^n}{1.2.3\ldots n}f(z)\,dz.$$

De cette dernière, combinée avec l'équation (19), on déduit la suivante

$$(24)\int_{x_0}^{x}\int_{x_0}^{x}\ldots f(x)dx^n=F(x)-F(x_0)-\frac{x-x_0}{1}F'(x_0)-\frac{(x-x_0)^2}{1.2}F''(x_0)\ldots-\frac{(x-x_0)^{n-1}}{1.2.3\ldots(n-1)}F^{(n-1)}(x_0)$$

qui renferme, comme cas particulier, la formule (17) de la 26.$^e$ leçon. Lorsqu'on suppose $x_0=0$, l'équation (24) se réduit à

$$(25)\int_{0}^{x}\int_{0}^{x}\ldots f(x)dx^n=F(x)-F(0)-\frac{x}{1}F'(0)-\frac{x^2}{1.2}F''(0)-\ldots-\frac{x^{n-1}}{1.2.3\ldots(n-1)}F^{(n-1)}(0).$$

*Exemple.* Soit $F(x)=e^x$; on aura $f(x)=F^{(n)}(x)=e^x$, et par conséquent

$$(26)\int_{0}^{x}\int_{0}^{x}\ldots e^x dx^n=e^x-1-\frac{x}{1}-\frac{x^2}{1.2}\ldots-\frac{x^{n-1}}{1.2.3\ldots(n-1)}=\int_{0}^{x}\frac{(x-z)^{n-1}}{1.2.3\ldots(n-1)}e^z\,dz.$$

# TRENTE-SIXIÈME LEÇON.

*Transformation de Fonctions quelconques de $x$ ou de $x+h$ en Fonctions entières de $x$ ou de $h$ auxquelles s'ajoutent des Intégrales définies. Expressions équivalentes à ces mêmes Intégrales.*

---

Si dans l'équation (23) de la leçon précédente, on remplace $f(z)$ par sa valeur $F^{(n)}(z)$, tirée de la formule (21), on trouvera, sous les mêmes conditions,

$$(1)\quad F(x)=F(x_0)+\frac{x-x_0}{1}F'(x_0)+\frac{(x-x_0)^2}{1.2}F''(x_0)+\ldots+\frac{(x-x_0)^{n-1}}{1.2.3\ldots(n-1)}F^{(n-1)}(x_0)+\int_{x_0}^{x}\frac{(x-z)^{n-1}}{1.2.3\ldots(n-1)}F^{(n)}(z)\,dz,$$

puis, en posant $x_0=0$,

$$(2)\quad F(x)=F(0)+\frac{x}{1}F'(0)+\frac{x^2}{1.2}F''(0)+\ldots+\frac{x^{n-1}}{1.2.3\ldots(n-1)}F^{(n-1)}(0)+\int_{0}^{x}\frac{(x-z)^{n-1}}{1.2.3\ldots(n-1)}F^{(n)}(z)\,dz.$$

Si l'on fait dans celle-ci $F(x)=f(x+h)$, et qu'ensuite on échange entre elles les deux lettres $x$ et $h$, on obtiendra l'équation

$$(3)\quad f(x+h)=f(x)+\frac{h}{1}f'(x)+\frac{h^2}{1.2}f''(x)+\ldots+\frac{h^{n-1}}{1.2.3\ldots(n-1)}f^{(n-1)}(x)+\int_{0}^{h}\frac{(h-z)^{n-1}}{1.2.3\ldots(n-1)}f^{(n)}(x+z)\,dz$$

dans laquelle le dernier terme du second membre peut être présenté sous plusieurs formes différentes, puisqu'on a [en vertu des formules (14) et (19) de la 35.$^e$ leçon]

$$(4)\quad \begin{cases}\displaystyle\int_0^h\frac{(h-z)^{n-1}}{1.2.3\ldots(n-1)}f^{(n)}(x+z)\,dz=\int_0^h\frac{z^{n-1}}{1.2\ldots(n-1)}f^{(n)}(x+h-z)\,dz=\int_x^{x+h}\frac{(x+h-z)^{n-1}}{1.2.3\ldots(n-1)}f^{(n)}(z)\,dz\\ \displaystyle\qquad=\int_0^h\int_0^h\ldots f^{(n)}(x+z)\,dz^n.\end{cases}$$

L'équation (3) suppose que les fonctions $f(x+z)$, $f'(x+z)$, .. $f^{(n)}(x+z)$, restent continues entre les limites $z=0$, $z=h$. On pourrait la déduire immédiatement de la formule (1), en prenant $x=x_0+h$, puis, remplaçant $x_0$ par $x$, et $F$ par $f$. Seulement le dernier terme du second membre serait alors la troisième des intégrales comprises dans la formule (4).

Au reste, on peut démontrer directement l'équation (3), à l'aide de plusieurs intégrations par parties, en opérant à peu près comme l'a fait M. *de Prony*, dans un mémoire publié en 1805. En effet, si, dans la formule (13) de la leçon précédente, on remplace d'abord $x$ par $x_0 + h$, et ensuite $x_0$ par $x$, on en tirera

$$(5)\qquad \int_0^h f(x+z)\,dz = \int_0^h f(x+h-z)\,dz.$$

On aura donc, en conséquence,

$$(6)\qquad f(x+h) - f(x) = \int_0^h f'(x+z)\,dz = \int_0^h f'(x+h-z)\,dz.$$

D'ailleurs, en intégrant par parties plusieurs fois de suite, on trouve

$$(7)\ \int f'(x+h-z)\,dz = \frac{z}{1} f'(x+h-z) + \int \frac{z}{1} f''(x+h-z)\,dz$$

$$= \frac{z}{1} f'(x+h-z) + \frac{z^2}{1.2} f''(x+h-z) + \int \frac{z^2}{1.2} f'''(x+h-z)\,dz$$

$$= \&c.\ldots$$

$$= \frac{z}{1} f'(x+h-z) + \frac{z^2}{1.2} f''(x+h-z) \ldots + \frac{z^{n-1}}{1.2\ldots(n-1)} f^{(n-1)}(x+h-z) + \int \frac{z^{n-1}}{1.2\ldots(n-1)} f^{(n)}(x+h-z)\,dz,$$

puis, en supposant que chaque intégration soit effectuée entre les limites $z=0$, $z=h$, et que les fonctions $f(x+z)$, $f'(x+z) \ldots f^{(n)}(x+z)$, restent continues entre ces mêmes limites,

$$(8)\ \int_0^h f'(x+h-z)\,dz = \frac{h}{1} f'(x) + \frac{h^2}{1.2} f''(x) \ldots + \frac{h^{n-1}}{1.2.3\ldots(n-1)} f^{(n-1)}(x) + \int_0^h \frac{z^{n-1}}{1.2.3\ldots(n-1)} f^{(n)}(x+h-z)\,dz$$

Cela posé, on déduira évidemment de la formule (6), une équation qui s'accordera, en vertu de la formule (4), avec l'équation (3). La même méthode pourrait encore servir à établir directement l'équation (2).

Non-seulement les intégrales renfermées dans les seconds membres des formules (2) et (3) peuvent être remplacées par plusieurs autres semblables à celles que comprend la formule (4). Mais on doit encore conclure de l'équation (13) [23.e leçon] qu'elles sont équivalentes à deux produits de la forme

$$(9)\qquad F^{(n)}(\theta x) \int_0^x \frac{(x-z)^{n-1}}{1.2.3\ldots(n-1)}\,dz = \frac{x^n}{1.2.3\ldots n} F^{(n)}(\theta x),$$

$$(10)\qquad f^{(n)}(x+\theta h) \int_0^h \frac{(h-z)^{n-1}}{1.2.3\ldots(n-1)}\,dz = \frac{h^n}{1.2.3\ldots n} f^{(n)}(x+\theta h),$$

$\theta$ désignant un nombre inconnu qui peut varier d'un produit à l'autre, en restant toujours inférieur à l'unité. On aura par suite

$$(11)\quad F(x)=F(0)+\frac{x}{1}F'(0)+\frac{x^2}{1.2}F''(0)+\ldots+\frac{x^{n-1}}{1.2.3\ldots(n-1)}F^{(n-1)}(0)+\frac{x^n}{1.2.3\ldots n}F^{(n)}(\theta x).$$

$$(12)\quad f(x+h)=f(x)+\frac{h}{1}f'(x)+\frac{h^2}{1.2}f''(x)+\ldots+\frac{h^{n-1}}{1.2.3\ldots(n-1)}f^{(n-1)}(x)+\frac{h^n}{1.2.3\ldots n}f^{(n)}(x+\theta h).$$

Il est essentiel d'observer que la fonction $F(x)$, avec ses dérivées successives, doit rester continue, dans la formule (11), entre les limites $0$, $x$; et la fonction $f(x+z)$, avec ses dérivées successives, dans la formule (12), entre les limites $z=0$, $z=h$.

Soit maintenant $u=f(x,y,z\ldots)$ une fonction de plusieurs variables indépendantes $x$, $y$, $z$ ..., et faisons

$$(13)\quad F(\alpha)=f(x+\alpha dx,\ y+\alpha dy,\ z+\alpha dz,\ \ldots).$$

On tirera de la formule (11), en y remplaçant $x$ par $\alpha$, puis ayant égard aux principes établis dans la 14.e leçon,

$$(14)\quad f(x+\alpha dx, y+\alpha dy, z+\alpha dz, \ldots)=u+\frac{\alpha}{1}du+\frac{\alpha^2}{1.2}d^2u\ldots+\frac{\alpha^{n-1}}{1.2\ldots(n-1)}d^{n-1}u+\frac{\alpha^n}{1.2.3\ldots n}F^{(n)}(\theta\alpha).$$

Si la quantité $\alpha$ devient infiniment petite, il en sera de même de la différence

$$F^{(n)}(\theta\alpha)-F^{(n)}(0)\quad \text{ou}\quad F^{(n)}(\theta\alpha)-d^nu,$$

et, en désignant par $\beta$ cette différence, on trouvera

$$(15)\quad f(x+\alpha dx, y+\alpha dy, z+\alpha dz, \ldots)=u+\frac{\alpha}{1}du+\frac{\alpha^2}{1.2}d^2u\ldots+\frac{\alpha^{n-1}}{1.2\ldots(n-1)}d^{n-1}u+\frac{\alpha^n}{1.2.3\ldots n}(d^nu+\beta).$$

Quand les variables indépendantes se réduisent à une seule variable $x$, alors, en posant $y=f(x)$, on obtient la formule

$$(16)\quad f(x+\alpha dx)=y+\frac{\alpha}{1}dy+\frac{\alpha^2}{1.2}d^2y+\ldots+\frac{\alpha^{n-1}}{1.2.3\ldots(n-1)}d^{n-1}y+\frac{\alpha^n}{1.2.3\ldots n}(d^ny+\beta).$$

Concevons à présent que, pour une valeur particulière $x_0$ attribuée à la variable $x$, la fonction $f(x)$ et ses dérivées successives jusqu'à celle de l'ordre $n-1$ s'évanouissent. Dans ce cas, on tirera de la formule (12)

$$(17)\quad f(x_0+h)=\frac{h^n}{1.2.3\ldots n}f^{(n)}(x_0+\theta h);$$

puis, en substituant à la quantité finie $h$ une quantité infiniment petite désignée par $i$.

$$(18) \qquad f(x_0+i) = \frac{i^n}{1.2.3\ldots n} f^{(n)}(x_0+\theta i).$$

Lorsque, parmi les fonctions $f(x)$, $f'(x) \ldots f^{(n-1)}(x)$, la première est la seule qui ne s'évanouisse pas pour $x = x_0$, l'équation (18) doit être évidemment remplacée par la suivante :

$$(19) \qquad f(x_0+i) - f(x_0) = \frac{i^n}{1.2.3\ldots n} f^{(n)}(x_0+\theta i).$$

Si, dans la même hypothèse, on écrit $x$ au lieu de $x_0$, et si l'on pose $f(x) = y$, $\Delta x = i = \alpha h$, l'équation (19) prendra la forme

$$(20) \qquad \Delta y = \frac{\alpha^n}{1.2.3\ldots n}(d^n y + \beta),$$

$\beta$ désignant aussi bien que $\alpha$ une quantité infiniment petite. On pourrait encore déduire la formule (20) de l'équation (16), en observant que la valeur attribuée à $x$ fait évanouir les différentielles $dy$, $d^2 y \ldots d^{n-1} y$, en même temps que les fonctions dérivées $f'(x)$, $f''(x) \ldots f^{(n-1)}(x)$.

L'équation (20) fournit les moyens de résoudre le 4.$^e$ problème de la 6.$^e$ leçon, dans plusieurs cas où la méthode que nous avions proposée est insuffisante. En effet, supposons que, $y$ et $z$ désignant deux fonctions de la variable $x$, la valeur particulière $x_0$ attribuée à cette variable, réduise à la forme $\frac{0}{0}$, non-seulement la fraction $s = \frac{z}{y}$, mais encore les suivantes $\frac{z'}{y'}$, $\frac{z''}{y''} \ldots \frac{z^{(m-1)}}{y^{(m-1)}}$. Alors, en faisant $\Delta x = \alpha dx$, et désignant par $\beta$, $\gamma$, deux quantités infiniment petites, on aura, pour $x = x_0$,

$$(21) \qquad \Delta y = \frac{\alpha^m}{1.2.3\ldots m}(d^m y + \beta), \qquad \Delta z = \frac{\alpha^m}{1.2.3\ldots m}(d^m z + \gamma).$$

$$(22) \qquad s = \lim \frac{z+\Delta z}{y+\Delta y} = \lim \frac{\Delta z}{\Delta y} = \lim \frac{d^m z+\gamma}{d^m y+\beta} = \frac{d^m z}{d^m y} = \frac{z^{(m)}}{y^{(m)}}.$$

*Exemple.* On aura, pour $x = 0$, $\frac{\sin^2 x}{1-\cos x} = \frac{d^2(\sin^2 x)}{d^2(1-\cos x)} = \frac{2(\cos^2 x - \sin^2 x)}{\cos x} = 2.$

## TRENTE-SEPTIÈME LEÇON.

### *Théorèmes de* Taylor *et de* Maclaurin. *Extension de ces Théorèmes aux Fonctions de plusieurs variables.*

On appelle *série* une suite indéfinie de termes

(1) $$u_0,\ u_1,\ u_2\ \ldots\ u_n,\ \&c.\ldots$$

qui dérivent les uns des autres suivant une loi connue. Soit

$$s_n = u_0 + u_1 + u_2 + \ldots + u_{n-1}$$

la somme des $n$ premiers termes, $n$ désignant un nombre entier quelconque. Si, pour des valeurs de $n$ toujours croissantes, la somme $s_n$ s'approche indéfiniment d'une certaine limite $s$, la série sera dite *convergente*, et la limite $s$ représentée par la notation

$$u_0 + u_1 + u_2 + u_3 + \&c.$$

s'appellera la *somme* de la série. Si au contraire, tandis que $n$ croît indéfiniment, la somme $s_n$ ne s'approche d'aucune limite fixe, la série sera *divergente*, et n'aura plus de somme. Dans l'un et l'autre cas, le terme correspondant à l'indice $n$, savoir, $u_n$, se nomme *le terme général.* De plus, si dans la première hypothèse on fait $s = s_n + r_n$, $r_n$ sera ce qu'on nomme *le reste* de la série, à partir du $n.^{me}$ terme.

Ces définitions étant admises, il résulte évidemment des formules (2) et (3) de la 36.$^e$ leçon que les séries

(2) $$F(0),\ \frac{x}{1}F'(0),\ \frac{x^2}{1.2}F''(0),\ \frac{x^3}{1.2.3}F'''(0),\ \&c.\ldots,$$

(3) $$f(x),\ \frac{h}{1}f'(x),\ \frac{h^2}{1.2}f''(x),\ \frac{h^3}{1.2.3}f'''(x),\ \&c.\ldots$$

seront convergentes, et auront pour sommes respectives les deux fonctions $F(x)$, $f(x+h)$, toutes les fois que les deux intégrales

(4) $$\int_0^x \frac{(x-z)^{n-1}}{1.2.3\ldots(n-1)}F^{(n)}(z)\,dz = \frac{x^n}{1.2.3\ldots n}F^{(n)}(\theta x),$$

$$(5) \qquad \int_0^h \frac{(h-z)^{n-1}}{1.2.3\ldots(n-1)} f^{(n)}(x+z)\,dz = \frac{h^n}{1.2.3\ldots n} f^{(n)}(x+\theta h)$$

convergeront, pour des valeurs croissantes de $n$, vers la limite zéro. On trouvera, en conséquence,

$$(6) \qquad F(x) = F(0) + \frac{x}{1} F'(0) + \frac{x^2}{1.2} F''(0) + \frac{x^3}{1.2.3} F'''(0) + \&c.,$$

si l'expression (4) s'évanouit par des valeurs infinies de $n$, et

$$(7) \qquad f(x+h) = f(x) + \frac{h}{1} f'(x) + \frac{h^2}{1.2} f''(x) + \frac{h^3}{1.2.3} f'''(x) + \&c.,$$

si l'expression (5) satisfait à la même condition. Les formules (6) et (7) renferment les théorèmes de *Maclaurin* et de *Taylor*. Elles servent, quand les intégrales (4) et (5) remplissent les conditions prescrites, à *développer* les deux fonctions $F(x)$ et $f(x+h)$ en séries ordonnées suivant les puissances ascendantes et entières des quantités $x$ et $h$. Les restes de ces séries sont précisément les deux intégrales dont nous venons de parler.

Supposons maintenant que l'on désigne par $u = f(x, y, z \ldots)$ une fonction de plusieurs variables indépendantes, et qu'aux équations (2) et (3) de la leçon précédente on substitue l'équation (14). On conclura de cette dernière

$$(8) \qquad f(x+\alpha dx, y+\alpha dy, z+\alpha dz, \ldots) = u + \frac{\alpha}{1} du + \frac{\alpha^2}{1.2} d^2u + \frac{\alpha^3}{1.2.3} d^3u + \&c.\ldots,$$

toutes les fois que le terme $\frac{\alpha^n}{1.2.3\ldots n} F^{(n)}(\theta\alpha)$, ou plutôt l'intégrale que ce terme représente, et que l'on peut écrire sous la forme

$$(9) \qquad \int_0^\alpha \frac{(\alpha-v)^{n-1}}{1.2.3\ldots(n-1)} F^{(n)}(v)\,dv,$$

s'évanouira pour des valeurs infinies de $n$. On trouvera par suite, en posant $\alpha = 1$,

$$(10) \qquad f(x+dx, y+dy, z+dz, \ldots) = u + \frac{du}{1} + \frac{d^2u}{1.2} + \frac{d^3u}{1.2.3} + \&c.\ldots,$$

pourvu que l'intégrale

$$(11) \qquad \int_0^1 \frac{(1-v)^{n-1}}{1.2.3\ldots(n-1)} F^{(n)}(v)\,dv$$

vérifie la condition énoncée. Quand les variables indépendantes $x, y, z \ldots$

se réduisent à la seule variable $x$, l'équation (10) devient

$$(12) \qquad f(x+dx) = u + \frac{du}{1} + \frac{d^2u}{1.2} + \frac{d^3u}{1.2.3} + \&c. \ldots$$

Celle-ci coïncide avec l'équation (7), c'est-à-dire, avec la formule de *Taylor*. En y remplaçant $x$ par zéro, et $dx$ par $x$, on retrouverait le théorème de *Maclaurin*. Ajoutons que l'équation (10), et celle qu'on en déduit lorsqu'on y remplace $x, y, z \ldots$ par zéro, puis $dx, dy, dz \ldots$ par $x, y, z \ldots$ fournissent le moyen d'étendre les théorèmes de *Taylor* et de *Maclaurin* aux fonctions de plusieurs variables. Remarquons enfin que les équations (6), (8), (10), (12) coïncident avec les équations (4), (6), (7), (8) de la 19.<sup>e</sup> leçon, dans le cas où $F(x)$ et $f(x)$ représentent des fonctions entières du degré $n$.

Comme, en vertu de la formule (19) [22.<sup>e</sup> leçon], l'intégrale (4) est équivalente à un produit de la forme

$$(13) \qquad x \frac{(x-\theta x)^{n-1}}{1.2.3\ldots(n-1)} F^{(n)}(\theta x),$$

$\theta$ désignant un nombre inférieur à l'unité ; il est clair que des valeurs infinies de $n$ feront évanouir cette intégrale, si elles réduisent à zéro la fonction

$$(14) \qquad \frac{(x-z)^{n-1}}{1.2.3\ldots(n-1)} F^{(n)}(z)$$

pour toutes les valeurs de $z$ renfermées entre les limites 0 et $x$. Cette dernière condition sera évidemment remplie, si la valeur numérique de l'expression $F^{(n)}(\theta x)$ supposée réelle, ou le module de la même expression supposée imaginaire, ne croît pas indéfiniment, pendant que $n$ augmente. En effet, puisque la quantité $m(n-m) = (\frac{n}{2})^2 - (\frac{n}{2}-m)^2$ croît avec le nombre $m$ entre les limites $m=1$, $m=\frac{n}{2}$, et que l'on a par suite

$$1.(n-1) < 2.(n-2) < 3.(n-3) < \ldots, \qquad 1.2.3\ldots(n-1) > (n-1)^{\frac{n-1}{2}},$$

on peut affirmer que la valeur numérique ou le module de l'expression (14) restera toujours inférieur à la valeur numérique ou au module du produit

$$(15)\qquad \left(\frac{x-z}{\sqrt[n-1]{1.2.3\ldots(n-1)}}\right)^{n-1} F^{(n)}(z).$$

Or, ce produit deviendra nul, dans l'hypothèse admise, pour $n=\infty$:

*Exemples.* Si l'on prend pour valeurs successives de la fonction $F(x)$

$$e^x, \quad \sin x, \quad \cos x,$$

on trouvera pour les valeurs correspondantes de $F^{(n)}(\theta x)$

$$e^{\theta x}, \ \sin\left(\frac{n\pi}{2}+\theta x\right), \ \cos\left(\frac{n\pi}{2}+\theta x\right).$$

Comme ces dernières quantités restent finies, quel que soit $x$, tandis que $n$ augmente, on doit en conclure que le théorème de *Maclaurin* est toujours applicable aux trois fonctions proposées. On aura, en conséquence, pour des valeurs quelconques de $x$, et pour des valeurs positives de $A$,

$$(16)\ e^x=1+\frac{x}{1}+\frac{x^2}{1.2}+\frac{x^3}{1.2.3}+\&c., A^x=e^{xl(A)}=1+\frac{xlA}{1}+\frac{x^2(lA)^2}{1.2}+\frac{x^3(lA)^3}{1.2.3}+\&c.$$

$$(17)\ \sin x=\sin(0)+\frac{x}{1}\sin\left(\frac{\pi}{2}\right)+\frac{x^2}{1.2}\sin\left(\frac{2\pi}{2}\right)+\frac{x^3}{1.2.3}\sin\left(\frac{3\pi}{2}\right)+\&c.=\frac{x}{1}-\frac{x^3}{1.2.3}+\frac{x^5}{1.2.3.4.5}-\&c.$$

$$(18)\ \cos x=\cos(0)+\frac{x}{1}\cos\left(\frac{\pi}{2}\right)+\frac{x^2}{1.2}\cos\left(\frac{2\pi}{2}\right)+\frac{x^3}{1.2.3}\cos\left(\frac{3\pi}{2}\right)+\&c.=1-\frac{x^2}{1.2}+\frac{x^4}{1.2.3.4}-\&c.$$

Lorsque la fonction $F^{(n)}(\theta x)$ devient infinie pour des valeurs infinies de $n$, l'expression (14) peut encore converger vers la limite zéro. C'est ce qui arrivera, par exemple, si l'on prend $F(x)=l(1+x)$, et si en même temps on attribue à $x$ une valeur numérique plus petite que l'unité. En effet, on trouvera dans ce cas, en supposant $z=\theta x$, $\theta<1$, $x^2<1$,

$$(19)\qquad \frac{(x-z)^{n-1}}{1.2.3\ldots(n-1)}F^{(n)}(z)=\pm\frac{(x-z)^{n-1}}{(1+z)^n}=\pm\frac{x^{n-1}}{1-\theta}\left(\frac{1-\theta}{1+\theta x}\right)^n;$$

et, comme la fraction $\frac{1-\theta}{1+\theta x}$ sera évidemment inférieure à l'unité, il est clair que l'expression (19) s'évanouira, pour $n=\infty$. On trouvera, en conséquence, pour toutes les valeurs de $x$ comprises entre les limites $-1$ et $+1$,

$$(20)\qquad l(1+x)=\frac{x}{1}-\frac{x^2}{2}+\frac{x^3}{3}-\frac{x^4}{4}+\&c.\ldots$$

## TRENTE-HUITIÈME LEÇON.

### *Règles sur la Convergence des Séries. Application de ces Règles à la Série de* Maclaurin.

Les équations (6) et (7) [37.e leç.] ne pouvant subsister que dans le cas où les séries (2) et (3) sont convergentes, il importe de fixer les conditions de la convergence des séries. Tel est l'objet dont nous allons nous occuper.

L'une des séries les plus simples est la progression géométrique

(1) $$a, \quad ax^1, \quad ax^2, \quad \&c. \ldots$$

qui a pour terme général $ax^n$. Or, la somme de ses $n$ premiers termes, savoir,

$$a(1+x+x^2+\ldots+x^{n-1})=a\frac{1-x^n}{1-x}=\frac{a}{1-x}-\frac{ax^n}{1-x}$$

convergera évidemment, pour des valeurs croissantes de $n$, vers la limite fixe $\frac{a}{1-x}$, si la valeur numérique de la variable $x$ supposée réelle, ou le module de la même variable supposée imaginaire est un nombre inférieur à l'unité; tandis que, dans le cas contraire, cette somme cessera de converger vers une semblable limite. La série (1) sera donc toujours convergente dans le premier cas, et toujours divergente dans le second. Cette conclusion subsiste, lors même que le facteur $a$ devient imaginaire.

Considérons maintenant la série

(2) $$u_0, \quad u_1, \quad u_2, \quad u_3, \ \ldots \ u_n, \quad \&c. \ldots$$

composée de termes quelconques réels ou imaginaires. Pour décider si elle est convergente ou divergente, on n'aura nullement besoin d'examiner ses premiers termes, que l'on pourra même supprimer de manière à remplacer cette série par la suivante

(3) $$u_m, \quad u_{m+1}, \quad u_{m+2}, \quad \&c. \ldots,$$

$m$ désignant un nombre aussi grand que l'on voudra. Soit d'ailleurs $\rho_n$ la valeur numérique ou le module du terme général $u_n$; il est clair que la série (3) sera convergente, si les modules de ses différens termes, savoir,

(4) $$\rho_m, \quad \rho_{m+1}, \quad \rho_{m+2}, \quad \&c. \ldots$$

forment à leur tour une série convergente, et qu'elle deviendra divergente, si $\rho_n$ ne décroît pas indéfiniment pour des valeurs croissantes de $n$. Cela posé, on établira facilement les deux théorèmes qui suivent.

1.er Théorème. *Cherchez la limite ou les limites vers lesquelles converge, tandis que $n$ croît indéfiniment, l'expression $(\rho_n)^{\frac{1}{n}}$; et soit $\lambda$ la plus grande de ces limites. La série (2) sera convergente, si l'on a $\lambda < 1$; divergente, si l'on a $\lambda > 1$.*

*Démonstration.* Supposons d'abord $\lambda < 1$; et choisissons arbitrairement entre les deux nombres 1 et $\lambda$ un troisième nombre $\mu$, en sorte qu'on ait $\lambda < \mu < 1$. $n$ venant à croître au-delà de toute limite assignable, les plus grandes valeurs de $(\rho_n)^{\frac{1}{n}}$ ne pourront s'approcher indéfiniment de la limite $\lambda$, sans finir par être constamment inférieures à $\mu$. Par suite, il sera possible d'attribuer au nombre entier $m$ une valeur assez considérable pour que, $n$ devenant égal ou supérieur à $m$, on ait constamment $(\rho_n)^{\frac{1}{n}} < \mu$, $\rho_n < \mu^n$. Alors les termes de la série (4) seront des nombres inférieurs aux termes correspondans de la progression géométrique

(5) $$\mu^m, \quad \mu^{m+1}, \quad \mu^{m+2}, \quad \&c. \ldots;$$

et, comme cette dernière sera convergente [à cause de $\mu < 1$], on devra en dire autant de la série (4), et par conséquent de la série (2).

Supposons en second lieu $\lambda > 1$, et plaçons encore entre les deux nombres 1 et $\lambda$ un troisième nombre $\mu$, en sorte qu'on ait $\lambda > \mu > 1$. Si $n$ vient à croître au-delà de toute limite, les plus grandes valeurs de $(\rho_n)^{\frac{1}{n}}$, en s'approchant indéfiniment de $\lambda$, finiront par surpasser $\mu$. On pourra donc satisfaire à la condition $(\rho_n)^{\frac{1}{n}} > \mu$ ou $\rho_n > \mu^n > 1$, par des valeurs de $n$ aussi considérables que l'on voudra; et par suite, on trouvera dans la série (4) un nombre indéfini de termes supérieurs à l'unité, ce qui suffira pour constater la divergence des séries (2), (3) et (4).

2.e Théorème. *Si, pour des valeurs croissantes de $n$, le rapport $\frac{\rho_{n+1}}{\rho_n}$ converge vers une limite fixe $\lambda$, la série (2) sera convergente toutes les fois que l'on aura $\lambda < 1$, et divergente toutes les fois que l'on aura $\lambda > 1$.*

*Démonstration.* Choisissez arbitrairement un nombre $\varepsilon$ inférieur à la différence qui existe entre 1 et $\lambda$. Il sera possible d'attribuer à $m$ une valeur assez considérable pour que, $n$ devenant égal ou supérieur à $m$, le rapport $\frac{\rho_{n+1}}{\rho_n}$ demeure toujours compris entre les deux limites $\lambda-\varepsilon$, $\lambda+\varepsilon$. Alors les différens termes de la série (4) se trouveront compris entre les termes correspondans des deux progressions géométriques

$$\rho_m, \quad \rho_m(\lambda-\varepsilon), \quad \rho_m(\lambda-\varepsilon)^2, \quad \rho_m(\lambda-\varepsilon)^3, \quad \&c.\ldots$$
$$\rho_m, \quad \rho_m(\lambda+\varepsilon), \quad \rho_m(\lambda+\varepsilon)^2, \quad \rho_m(\lambda+\varepsilon)^3, \quad \&c.\ldots$$

lesquelles seront toutes deux convergentes, si l'on a $\lambda < 1$, et toutes deux divergentes, si l'on a $\lambda > 1$. Donc, &c....

*Scholie.* Il serait facile de prouver que la limite du rapport $\frac{\rho_{n+1}}{\rho_n}$, dans le cas où cette limite existe, est en même temps celle de l'expression $(\rho_n)^{\frac{1}{n}}$. [*Voyez l'Analyse algébrique*, chap. VI.]

En appliquant les théorèmes (1) et (2) à la série de *Maclaurin*, savoir,

$$(6) \qquad F(0), \quad \frac{x}{1}F'(0), \quad \frac{x^2}{1.2}F''(0), \quad \frac{x^3}{1.2.3}F'''(0), \quad \&c.\ldots$$

on obtient la proposition suivante.

3.^e Théorème. *Soient $\rho_n$ la valeur numérique ou le module de l'expression $F^{(n)}(0)$, et $\lambda$ la limite vers laquelle convergent, tandis que $n$ croît indéfiniment, les plus grandes valeurs de $(\rho_n)^{\frac{1}{n}}$, ou bien encore la limite unique [si cette limite existe] du rapport $\frac{\rho_{n+1}}{\rho_n}$. La série (6) sera convergente toutes les fois que la valeur numérique ou le module de la variable $x$ sera inférieur à $\frac{1}{\lambda}$, et divergente toutes les fois que la valeur numérique ou le module de $x$ surpassera $\frac{1}{\lambda}$.*

*Exemples.* Si l'on prend pour valeurs successives de $F(x)$

$$e^x, \quad \sin x, \quad \cos x, \quad l(1+x), \quad (1+x)^\mu,$$

$\mu$ étant une quantité constante, les valeurs correspondantes de $\frac{1}{\lambda}$ seront

$$\infty, \quad \infty, \quad \infty, \quad 1, \quad 1.$$

Par suite, les séries comprises dans les équations (16), (17), (18) de la 37.^e leçon, resteront convergentes entre les limites $x=-\infty$, $x=+\infty$, c'est-à-dire, pour des valeurs quelconques de $x$. Au contraire, la série

$$(7) \quad 1, \quad \frac{\mu}{1}x, \quad \frac{\mu(\mu-1)}{1.2}x^2, \quad \frac{\mu(\mu-1)(\mu-2)}{1.2.3}x^3, \ldots \frac{\mu(\mu-1)\ldots(\mu-n+1)}{1.2.3\ldots n}x^n, \&c.$$

et celle que renferme la formule (20) [37.^e leçon] ne seront convergentes, si la variable $x$ est réelle, qu'entre les limites $x = -1$, $x = +1$.

Nous avons déjà remarqué que la série (6) est réelle, et qu'elle a pour somme $F(x)$, toutes les fois que, la variable $x$ étant réelle, et la variable $z$ étant comprise entre les limites $0$, $x$, l'expression (14) [37.e leçon] s'évanouit pour des valeurs infinies de $n$. Or, cette dernière condition sera évidemment satisfaite, si l'expression dont il s'agit est le terme général d'une série convergente, ce qui aura lieu, en vertu du 3.e théorème, si, pour des valeurs croissantes de $n$, le module ou la valeur numérique du produit

$$(8) \qquad \frac{x - z}{n} \cdot \frac{F^{(n+1)}(z)}{F^{(n)}(z)}$$

converge vers une limite inférieure à l'unité.

*Exemple.* Soit $F(x) = (1 + x)^\mu$, $\mu$ désignant une quantité constante. Si dans l'expression (8) on remplace $z$ par $\theta x$, cette expression deviendra

$$x \frac{1-\theta}{1+\theta x} \frac{\mu - n}{n} = -x \frac{1-\theta}{1+\theta x} \left(1 - \frac{\mu}{n}\right),$$

et convergera pour des valeurs croissantes de $n$ vers une limite de la forme $-x \times \frac{1-\theta}{1+\theta x}$, limite dont la valeur numérique sera inférieure à l'unité, si si l'on suppose $x^2 < 1$. On aura donc, sous cette condition,

$$(9) \qquad (1+x)^\mu = 1 + \frac{\mu}{1} x + \frac{\mu(\mu-1)}{1.2} x^2 + \frac{\mu(\mu-1)(\mu-2)}{1.2.3} x^3 + \&c. \ldots$$

On prouverait de même que l'équation

$$(10) \qquad (1+ax)^\mu = 1 + \frac{\mu}{1} ax + \frac{\mu(\mu-1)}{1.2} a^2 x^2 + \frac{\mu(\mu-1)(\mu-2)}{1.2.3} a^3 x^3 + \&c. \ldots$$

subsiste, pour des valeurs réelles ou imaginaires de la constante $a$, tant que la valeur numérique de $x$ est inférieure au module de $\frac{1}{a}$.

On pourrait croire que la série (6) a toujours $F(x)$ pour somme, quand elle est convergente, et que, dans le cas où ses différens termes s'évanouissent l'un après l'autre, la fonction $F(x)$ s'évanouit elle-même. Mais, pour s'assurer du contraire, il suffit d'observer que la seconde condition sera remplie, si l'on suppose $F(x) = e^{-\left(\frac{1}{x}\right)^2}$, et la première, si l'on suppose $F(x) = e^{-x^2} + e^{-\left(\frac{1}{x}\right)^2}$. Cependant la fonction $e^{-\left(\frac{1}{x}\right)^2}$ n'est pas identiquement nulle, et la série déduite de la dernière supposition a pour somme, non pas le binome $e^{-x^2} + e^{-\left(\frac{1}{x}\right)^2}$, mais son premier terme $e^{-x^2}$.

# TRENTE-NEUVIÈME LEÇON.

*Des Exponentielles et des Logarithmes imaginaires. Usage de ces Exponentielles et de ces Logarithmes dans la détermination des Intégrales soit définies, soit indéfinies.*

---

Nous avons prouvé dans la 37.e leçon que l'exponentielle $A^x$ [ $A$ désignant une constante positive, et $x$ une variable réelle ] est toujours équivalente à la somme de la série

(1) $$1,\ \frac{x\,lA}{1},\ \frac{x^2(lA)^2}{1.2},\ \frac{x^3(lA)^3}{1.2.3},\ \&c.\ldots,$$

en sorte qu'on a, pour toutes les valeurs réelles de $x$,

(2) $$A^x = 1 + \frac{x\,lA}{1} + \frac{x^2(lA)^2}{1.2} + \frac{x^3(lA)^3}{1.2.3} + \&c.\ldots$$

D'autre part, comme, en vertu du 3.e théorème de la 38.e leçon, la série (1) reste convergente pour des valeurs imaginaires quelconques de la variable $x$, on est convenu d'étendre l'équation (2) à tous les cas possibles, et de s'en servir, dans le cas où la variable $x$ devient imaginaire, pour fixer le sens de la notation $A^x$. Cette convention étant admise, on déduit facilement de l'équation (2) plusieurs formules remarquables que nous allons faire connaître.

D'abord, si l'on prend $A = e$, l'équation (2) deviendra

(3) $$e^x = 1 + \frac{x}{1} + \frac{x^2}{1.2} + \frac{x^3}{1.2.3} + \&c.\ldots$$

Si l'on pose dans cette dernière $x = z\sqrt{-1}$ [ $z$ désignant une variable réelle ], on trouvera

$$e^{z\sqrt{-1}} = 1 + \frac{z\sqrt{-1}}{1} - \frac{z^2}{1.2} - \frac{z^3\sqrt{-1}}{1.2.3} + \&c. = 1 - \frac{z^2}{1.2} + \frac{z^4}{1.2.3.4} - \&c. + \left(\frac{z}{1} - \frac{z^3}{1.2.3} + \&c.\right)\sqrt{-1},$$

et par suite

(4) $$e^{z\sqrt{-1}} = \cos z + \sqrt{-1}\,\sin z.$$

On trouvera de même

$$(5) \qquad e^{-z\sqrt{-1}} = \cos z - \sqrt{-1}\,\sin z,$$

puis l'on conclura des équations (4) et (5) combinées entre elles

$$(6) \qquad \cos z = \frac{e^{z\sqrt{-1}} + e^{-z\sqrt{-1}}}{2}, \quad \sin z = \frac{e^{z\sqrt{-1}} - e^{-z\sqrt{-1}}}{2\sqrt{-1}}.$$

Soit, en second lieu, $x = (a + b\sqrt{-1})\,z$, [$a$, $b$ désignant deux constantes réelles]. Alors la série comprise dans le second membre de la formule (3) sera précisément celle que l'on déduit du théorème de *Maclaurin*, appliqué à la fonction imaginaire $e^{az}(\cos bz + \sqrt{-1}\,\sin bz)$. On aura donc

$$(7) \qquad e^{(a+b\sqrt{-1})z} = e^{az}(\cos bz + \sqrt{-1}\,\sin bz) = e^{az}.e^{bz\sqrt{-1}}.$$

Cette dernière formule est analogue à l'équation identique $e^{(a+b)z} = e^{az}.e^{bz}$, de laquelle on la déduirait, mais par induction seulement, en substituant à la constante réelle $b$ une constante imaginaire $b\sqrt{-1}$. Nous ajouterons qu'en s'appuyant sur la formule (7), on étend sans peine l'équation

$$(8) \qquad e^{x+y} = e^{x}.e^{y}$$

à des valeurs imaginaires quelconques des variables $x$, $y$; et qu'en comparant la formule (2) à la formule (3), on en tire, pour une valeur quelconque de $x$,

$$(9) \qquad A^{x} = e^{x\,l(A)}.$$

Concevons maintenant que, $u$ et $v$ désignant deux quantités réelles, on cherche les diverses valeurs de $x$ propres à résoudre les deux équations

$$(10) \qquad A^{x} = u + v\sqrt{-1}, \qquad\qquad (11) \qquad e^{x} = u + v\sqrt{-1}.$$

Ces diverses valeurs seront les divers *logarithmes* de $u + v\sqrt{-1}$, 1.° dans le système dont la base est $A$, 2.° dans le système Népérien dont la base est $e$. De plus, comme, en vertu de la formule (9), les logarithmes de l'expression $u + v\sqrt{-1}$ dans le premier système seront égaux aux logarithmes Népériens de cette même expression divisés par $l(A)$, il suffira de résoudre l'équation (11). Cela posé, faisons $x = \alpha + \beta\sqrt{-1}$ [$\alpha$, $\beta$ désignant deux quantités réelles]. La formule (11) deviendra

$$e^{\alpha+\beta\sqrt{-1}} = u + v\sqrt{-1};$$

puis l'on en tirera $e^{\alpha}\cos\beta = u$, $e^{\alpha}\sin\beta = v$, et par conséquent

(12) $$e^{\alpha} = (u^2 + v^2)^{\frac{1}{2}},$$

(13) $$\cos\beta = \frac{u}{\sqrt{(u^2+v^2)}}, \quad \sin\beta = \frac{v}{\sqrt{(u^2+v^2)}}.$$

Or, on satisfait à l'équation (12) par une seule valeur réelle de $\alpha$, savoir, $\alpha = \frac{1}{2} l(u^2 + v^2)$. De plus, en désignant par $n$ un nombre entier arbitraire, on satisfera aux équations (13) par toutes les valeur de $\beta$ comprises dans la formule

(14) $$\beta = 2n\pi + \text{arc tang}\,\frac{v}{u},$$

si $u$ est positif, ou dans la suivante

(15) $$\beta = (2n+1)\pi + \text{arc tang}\,\frac{v}{u},$$

si $u$ devient négatif. Il existe donc une infinité de logarithmes imaginaires de l'expression $u + v\sqrt{-1}$. Le plus simple de tous ces logarithmes, dans le cas où la quantité $u$ reste positive, est celui qu'on obtient en posant $n = 0$, savoir, $\frac{1}{2} l(u^2 + v^2) + \sqrt{-1}\,\text{arc tang}\,(\frac{v}{u})$. Ce même logarithme qui, pour une valeur nulle de $v$, se réduit au logarithme réel de $u$, sera celui que nous désignerons par la notation $l(u + v\sqrt{-1})$ [*voyez* l'*Analyse algébrique*, chap. IX], en sorte qu'on aura pour des valeurs positives de $u$

(16) $$l(u + v\sqrt{-1}) = \frac{1}{2} l(u^2 + v^2) + \sqrt{-1}\,\text{arc tang}\,\frac{v}{u}.$$

Par suite, si $r$ représente une quantité positive, et $t$ un arc réel compris entre les limites $-\frac{\pi}{2}$, $+\frac{\pi}{2}$, l'équation

(17) $$x = r(\cos t + \sqrt{-1}\sin t) = re^{t\sqrt{-1}}$$

entraînera la suivante

(18) $$l(x) = l(r) + t\sqrt{-1}.$$

Les formules qui servent à différencier les exponentielles et les logarithmes réels subsistent, lorsque ces exponentielles et ces logarithmes deviennent imaginaires. Ainsi, par exemple, on reconnaîtra, sans peine, que l'on a 1.°, pour des valeurs imaginaires de la variable $x$,

(19) $$de^x = e^x\,dx,$$ (20) $$dl(\pm x) = \frac{dx}{x};$$

2.° pour des valeurs réelles des variables $x, y, z$, et des constantes $\alpha, \beta, a, b$,

(21) $d e^{x+y\sqrt{-1}} = e^{x+y\sqrt{-1}}(dx + dy\sqrt{-1})$, (22) $dl[\pm(x+y\sqrt{-1})] = \frac{dx+dy\sqrt{-1}}{x+y\sqrt{-1}}$,

(23) $dl[\pm(x-\alpha-\beta\sqrt{-1})] = \frac{dx}{x-\alpha-\beta\sqrt{-1}}$, $dl[\pm(x-\alpha+\beta\sqrt{-1})] = \frac{dx}{x-\alpha+\beta\sqrt{-1}}$,

(24) $$d e^{(a+b\sqrt{-1})z} = e^{(a+b\sqrt{-1})z}(a+b\sqrt{-1})\,dz.$$

Dans ces diverses formules, on doit adopter, après la lettre $l$, le signe + ou le signe —, suivant que l'expression imaginaire, dont on prend le logarithme Népérien, a une partie réelle positive ou négative. De ces mêmes formules, on déduira immédiatement les suivantes

(25) $\int \frac{(A-B\sqrt{-1})dx}{x-\alpha-\beta\sqrt{-1}} = (A-B\sqrt{-1})\,l[\pm(x-\alpha-\beta\sqrt{-1})]+C$, $\int \frac{(A+B\sqrt{-1})dx}{x-\alpha+\beta\sqrt{-1}} = (A+B\sqrt{-1})\,l[\pm(x-\alpha+\beta\sqrt{-1})]+C$,

(26) $\int e^{(a+b\sqrt{-1})z}dz = \frac{e^{(a+b\sqrt{-1})z}}{a+b\sqrt{-1}}+C$, $\int z^n e^{(a+b\sqrt{-1})z}dz = \frac{z^n e^{(a+b\sqrt{-1})z}}{a+b\sqrt{-1}}\left\{1-\frac{n}{(a+b\sqrt{-1})z}+\frac{n(n-1)}{(a+b\sqrt{-1})^2z^2}-\text{etc.}\right\}$,

lesquelles s'accordent avec les formules établies dans les 28.$^e$ et 30.$^e$ leçons.

Les exponentielles et les logarithmes imaginaires peuvent encore être employés avec avantage dans la détermination des intégrales définies. Ainsi, par exemple, il résulte de la seconde des équations (26) que la deuxième formule de la page 128 subsiste, quand on y remplace la constante $a$ supposée réelle par la constante imaginaire $a+b\sqrt{-1}$. On obtient alors l'équation

(27) $$\int_0^\infty z^n e^{(a+b\sqrt{-1})z}dz = \frac{1.2.3\ldots n}{(a+b\sqrt{-1})^n};$$

laquelle coïncide avec la troisième de la page citée. De plus, il est clair que la formule (18) de la 34.$^e$ leçon subsistera encore, si, au lieu de prendre pour $f(x)$ une fonction algébrique, on pose successivement

$$f(x) = e^{ax\sqrt{-1}},\quad f(x) = (-x\sqrt{-1})^{\mu-1}e^{ax\sqrt{-1}},\quad f(x) = \frac{(-x\sqrt{-1})\,e^{ax\sqrt{-1}}}{l(1-rx\sqrt{-1})},$$

$\mu$, $a$, $r$ désignant trois constantes positives, dont la première reste comprise entre les limites 0 et 2. On trouvera, en conséquence,

(28) $$\int_{-\infty}^{\infty}\frac{e^{ax\sqrt{-1}}}{1+x^2}dx = \int_{-\infty}^{\infty}\frac{\cos ax\,dx}{1+x^2} = \pi e^{-a},$$

(29) $\int_{-\infty}^{\infty}\frac{(-x\sqrt{-1})^{\mu-1}}{1+x^2}e^{ax\sqrt{-1}}dx = 2\int_0^\infty x^{\mu-1}\sin\left(\frac{\mu\pi}{2}-ax\right)\frac{dx}{1+x^2} = \pi e^{-a}$,

(30) $\int_{-\infty}^{\infty}\frac{(-x\sqrt{-1})\,e^{ax\sqrt{-1}}}{l(1-rx\sqrt{-1})}\frac{dx}{1+x^2} = \int_0^\infty \frac{\sin ax.\,l(1+r^2x^2)+2\cos ax.\,\text{arc tang}\,rx}{[\frac{1}{2}l(1+r^2x^2)]^2+[\text{arc tang}\,rx]^2}\,\frac{x\,dx}{1+x^2} = \frac{\pi e^{-a}}{l(1+r)}$.

# QUARANTIÈME LEÇON.

## *Intégration par Séries.*

CONSIDÉRONS une série

(1) $u_0, \; u_1, \; u_2, \; u_3, \; \ldots\ldots \; u_n, \;$ &c....

dont les différens termes soient des fonctions de la variable $x$, qui restent continues entre les limites $x = x_0$, $x = X$. Si, après avoir multiplié ces mêmes termes par $dx$, on les intègre entre les limites dont il s'agit, on obtiendra une série nouvelle composée des intégrales définies

(2) $\int_{x_0}^{X} u_0 dx, \int_{x_0}^{X} u_1 dx, \int_{x_0}^{X} u_2 dx, \int_{x_0}^{X} u_3 dx, \ldots \int_{x_0}^{X} u_n dx,$ &c.

En comparant cette nouvelle série à la première, on établira sans peine le théorème que nous allons énoncer.

1.er THÉORÈME. *Supposons que, les deux limites $x_0$, $X$ étant des quantités finies, la série (1) soit convergente, non-seulement pour $x = x_0$ et pour $x = X$, mais aussi pour toutes les valeurs de $x$ comprises entre $x_0$ et $X$. La série (2) sera elle-même convergente; et, si l'on appelle $s$ la somme de la série (1), la série (2) aura pour somme l'intégrale $\int_{x_0}^{X} s\,dx$. En d'autres termes, l'équation*

(3) $s = u_0 + u_1 + u_2 + u_3 + \text{\&c.}$ *entraînera la suivante*

(4) $\int_{x_0}^{X} s\,dx = \int_{x_0}^{X} u_0 dx + \int_{x_0}^{X} u_1 dx + \int_{x_0}^{X} u_2 dx + \int_{x_0}^{X} u_3 dx + \text{\&c.}$

*DÉMONSTRATION*. Soit

(5) $s_n = u_0 + u_1 + u_2 + \ldots\ldots + u_{n-1}$ la somme des $n$ premiers termes de la série (1), et $r_n$ le reste à partir du $n$.$^{me}$ terme. On aura

(6) $s = s_n + r_n = u_0 + u_1 + u_2 + \ldots + u_{n-1} + r_n$, et l'on en conclura

(7) $\int_{x_0}^{X} s dx = \int_{x_0}^{X} u_0 dx + \int_{x_0}^{X} u_1 dx + \int_{x_0}^{X} u_2 dx + \ldots + \int_{x_0}^{X} u_{n-1} dx + \int_{x_0}^{X} r_n dx.$

Or, puisqu'en vertu de la formule (14) [23.e leç.] l'intégrale $\int_{x_0}^{X} r_n dx$ sera une valeur particulière du produit $r_n(X - x_0)$ correspondante à une valeur de $x$ comprise entre les limites $x_0$, $X$, et que, dans l'hypothèse admise, ce produit deviendra nul pour des valeurs infinies de $n$, il est clair qu'on obtiendra l'équation (4), en posant dans la formule (7) $n=\infty$.

*Corollaire 1.er* Si dans la formule (4) on remplace $X$ par $x$, on obtiendra la suivante

$$(8) \qquad \int_{x_0}^{x} s\,dx = \int_{x_0}^{x} u_0\,dx + \int_{x_0}^{x} u_1\,dx + \int_{x_0}^{x} u_2\,dx + \&c.,$$

qui restera vraie, comme l'équation (3), entre les limites $x=x_0$, $x=X$.

*Corollaire 2.e* Supposons que la série (1), étant convergente pour $x=x_0$, et pour toutes les valeurs de $x$ comprises entre les limites $x_0$, $X$, cesse de l'être pour $x=X$. Dans cette hypothèse, les équations (3) et (8) subsisteront encore entre les limites dont il s'agit. J'ajoute que l'équation (4) subsistera elle-même, si les intégrales comprises dans son second membre forment une série convergente. En effet, on reconnaîtra sans peine que, si cette condition est remplie, les deux membres de l'équation (8) seront des fonctions continues de la variable $x$ dans le voisinage de la valeur particulière $x=X$ [*voyez* l'*Analyse algébrique*, page 131], et qu'il suffira d'y faire converger $x$ vers cette même valeur pour obtenir les deux membres de l'équation (4). Au contraire, l'équation (4) disparaîtra, si les intégrales que renferme son second membre forment une série divergente.

*Corollaire 3.e* Supposons que la série (1), étant convergente entre les limites $x=x_0$, $x=X$, devienne divergente pour la première de ces deux limites ou pour toutes les deux. Alors, en désignant par $\xi_0$, $\xi$ deux quantités comprises entre $x_0$ et $X$, on obtiendra l'équation

$$(9) \qquad \int_{\xi_0}^{\xi} s\,dx = \int_{\xi_0}^{\xi} u_0\,dx + \int_{\xi_0}^{\xi} u_1\,dx + \int_{\xi_0}^{\xi} u_2\,dx + \&c....,$$

puis, en faisant converger $\xi_0$ vers la limite $x_0$, et $\xi$ vers la limite $X$, on retrouvera encore l'équation (4), pourvu toutefois que les intégrales renfermées dans son second membre forment une série convergente.

Cette remarque s'étend aux cas mêmes où les quantités $x_0$, $X$ deviendraient séparément ou simultanément infinies, par exemple, au cas où l'on aurait $x_0=-\infty$, $X=\infty$.

*Corollaire 4.e* Si l'on prend $u_n = a_n x^n$, $a_n$ étant un coefficient réel ou imaginaire, si, de plus, on désigne par $\rho_n$ la valeur numérique ou le module de $a_n$, et par $\lambda$ la plus grande valeur que reçoive l'expression $(\rho_n)^{\frac{1}{n}}$ quand le nombre $n$ devient infini, la série (1) sera convergente [*voyez* le 3.ᵉ théor. de la 38.ᵉ leç.] entre les limites $x = -\frac{1}{\lambda}$, $x = +\frac{1}{\lambda}$. Donc, en laissant la variable $x$ comprise entre ces limites, et posant

$$(10) \qquad s = a_0 + a_1 x + a_2 x^2 + \&c. \ldots,$$

on trouvera

$$(11) \qquad \int_0^x s\,dx = a_0 x + a_1 \frac{x^2}{2} + a_2 \frac{x^3}{3} + \&c. \ldots$$

Cette dernière équation subsistera encore [*voyez* le coroll. 2.ᵉ] pour les valeurs particulières $x = -\frac{1}{\lambda}$, $x = +\frac{1}{\lambda}$, si ces valeurs particulières ne cessent pas de rendre convergente la série $a_0 x$, $\frac{1}{2} a_1 x^2$, $\frac{1}{3} a_2 x^3$, &c.

A l'aide des principes que nous venons d'établir, on pourra développer un grand nombre d'intégrales en séries convergentes qui fourniront des valeurs de ces intégrales aussi approchées que l'on voudra. C'est en cela que consiste l'*Intégration par séries*. On peut même employer avec avantage cette méthode d'intégration, pour développer en séries toutes sortes de quantités, et souvent ce qu'il y a de mieux à faire, pour y parvenir, c'est d'exprimer les quantités données par des intégrales définies auxquelles on applique ensuite la méthode dont il s'agit.

*Exemples.* Pour développer en séries les fonctions $l(1+x)$, arc tang $x$, arc sin $x$, on aura recours aux formules

$$l(1+x) = \int_0^x \frac{dx}{1+x}, \quad \text{arc tang}\, x = \int_0^x \frac{dx}{1+x^2}, \quad \text{arc sin}\, x = \int_0^x \frac{dx}{\sqrt{(1-x^2)}} = \int_0^x (1-x^2)^{-\frac{1}{2}} dx;$$

et, comme on trouvera, entre les limites $x = -1$, $x = +1$,

$$\frac{1}{1+x} = 1 - x + x^2 - \&c., \quad \frac{1}{1+x^2} = 1 - x^2 + x^4 - \&c., \quad (1-x^2)^{-\frac{1}{2}} = 1 + \frac{1}{2} x^2 + \frac{1.3}{2.4} x^4 + \frac{1.3.5}{2.4.6} x^6 + \&c.,$$

l'intégration par séries donnera, entre ces mêmes limites,

$$(12) \quad l(1+x) = x - \frac{x^2}{2} + \frac{x^3}{3} - \&c., \ \text{arc tang}\, x = x - \frac{x^3}{3} + \frac{x^5}{5} - \&c., \ \text{arc sin}\, x = x + \frac{1}{2}\frac{x^3}{3} + \frac{1.3}{2.4}\frac{x^5}{5} + \frac{1.3.5}{2.4.6}\frac{x^7}{7} + \ldots$$

Si dans les équations (12) on pose $x = 1$, les séries comprises dans les seconds membres resteront convergentes, et l'on aura [en vertu du coroll. 2.ᵉ,]

$$(13) \quad l(2) = 1 - \frac{1}{2} + \frac{1}{3} - \&c., \quad \frac{\pi}{4} = 1 - \frac{1}{3} + \frac{1}{5} - \&c., \quad \frac{\pi}{2} = 1 + \frac{1}{2}.\frac{1}{3} + \frac{1.3}{2.4}.\frac{1}{5} + \frac{1.3.5}{2.4.6}.\frac{1}{7} + \&c.$$

On démontre facilement [*voyez* l'*Analyse algébrique*, page 163] que deux séries convergentes ordonnées suivant les puissances ascendantes et entières de $x$, ne peuvent donner la même somme, pour de très-petites valeurs numériques de $x$, qu'autant que les coefficiens des puissances semblables de $x$ sont égaux dans les deux séries. De cette remarque et du 3.ᵉ théorème [38.ᵉ leçon] il résulte que, si les deux séries demeurent convergentes et fournissent la même somme pour les valeurs réelles de $x$ comprises entre les limites $-r$, $+r$ [$r$ désignant une quantité positive], elles rempliront les mêmes conditions pour les valeurs imaginaires de $x$ dont les modules seront inférieurs à $r$. Cela posé, on déduira sans peine des principes ci-dessus établis le théorème suivant.

2.ᵉ Théorème. *Si, pour les valeurs réelles de $z$ comprises entre les limites $z_0$, $Z$, et pour les valeurs réelles de $x$ comprises entre les limites $-r$, $+r$; les fonctions $f(x, z)$ et*

$$F(x) = \int_{z_0}^{Z} f(x, z)\, dz \tag{14}$$

*sont développables par le théorème de* Maclaurin *en séries convergentes ordonnées suivant les puissances ascendantes et entières de $x$, si d'ailleurs les sommes de ces séries, quand $x$ devient imaginaire, continuent d'être représentées par les notations $f(x, z)$, $F(x)$, l'équation (14) subsistera pour les valeurs imaginaires de $x$ dont les modules seront inférieurs à $r$.*

*Exemple.* Comme on a, pour des valeurs quelconques de $x$,

$$\pi^{\frac{1}{2}} = \int_{-\infty}^{\infty} e^{-z^2}\, dz = \int_{-\infty}^{\infty} e^{-(z+x)^2}\, dz = e^{-x^2} \int_0^{\infty} e^{-z^2} \left(e^{-2zx} + e^{2zx}\right) dz,$$

et par suite,

$$\int_0^{\infty} e^{-z^2} \left(\frac{e^{2zx} + e^{-2zx}}{2}\right) dz = \frac{1}{2}\pi^{\frac{1}{2}} e^{x^2}, \tag{15}$$

on en conclura, en remplaçant $x$ par $x\sqrt{-1}$,

$$\int_0^{\infty} e^{-z^2} . \cos 2zx . dz = \frac{1}{2}\pi^{\frac{1}{2}} e^{-x^2}. \tag{16}$$

Cette dernière formule, que l'on doit à M. *Laplace*, est fort utile dans la solution de plusieurs problèmes.

FIN.

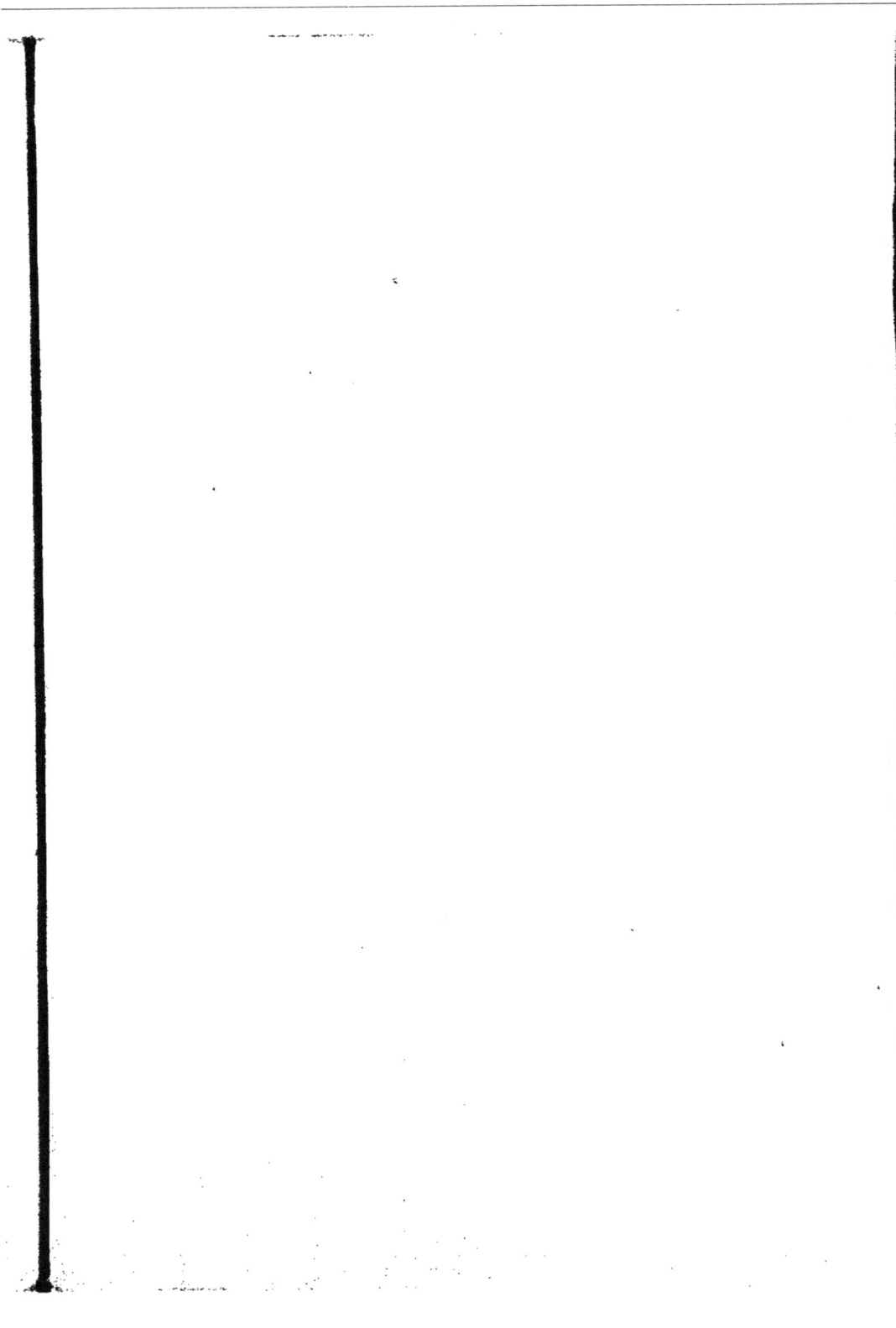

www.ingramcontent.com/pod-product-compliance
Lightning Source LLC
Chambersburg PA
CBHW050109210326
41519CB00015BA/3885
* 9 7 8 2 0 1 9 5 5 6 7 5 4 *